ファッションビジネス2

－ファッションビジネス能力検定試験2級公式問題集－

（2021年～2023年）

はじめに

ファッション産業において産業全体の変革が促進し、世界的にも持続可能な循環型経済の実現に向けて様々な影響を受けています。ファッションを取り巻く情報環境、自然環境、人工環境、社会環境、そして法的規則など、国際的に包括的な視点が要請されています。

今後日本のファッションビジネスは、世界の経済動向の変化、新興国の台頭などにより、ますますグローバル化し、大きく変化していきます。その中で日本独自の感性による創造性豊かなクリエイティブな人材とともに、ファッションビジネスを国際感覚で進めることが出来る人材育成をし、世界に向けてファッション情報を発信していかなければなりません。

常に進化しているファッションビジネスではありますが、繊維製品に新しいデザインを表現するスタイルやイメージなどの付加価値をつけ、生産・流通させ市場で消費者の感性に訴え、共感を得てファッション（流行）を生み出し、利潤するという成果を得るビジネスです。

これらの幅広い業界では、様々な分野/職種がありビジネスを効果的に行うには、それぞれ高度で専門的な知識や技術、能力を必要とします。

この試験問題・解答集は、過去に実施された検定試験の問題を掲載したものです。身につけられた実力を発揮し、合格のための傾向と対策に活用され、ファッションビジネスの世界での活躍を望まれている皆様のお役に立つことを願っております。

一般財団法人　日本ファッション教育振興協会

目　次

第56回

ファッションビジネス知識
[Ⅱ]

問１　下記は、ファッションアパレル企業の事業特性の図です。ａ・ｂのそれぞれの設問に該当する解答を、それぞれの語群から選び、解答番号の記号をマークしなさい。

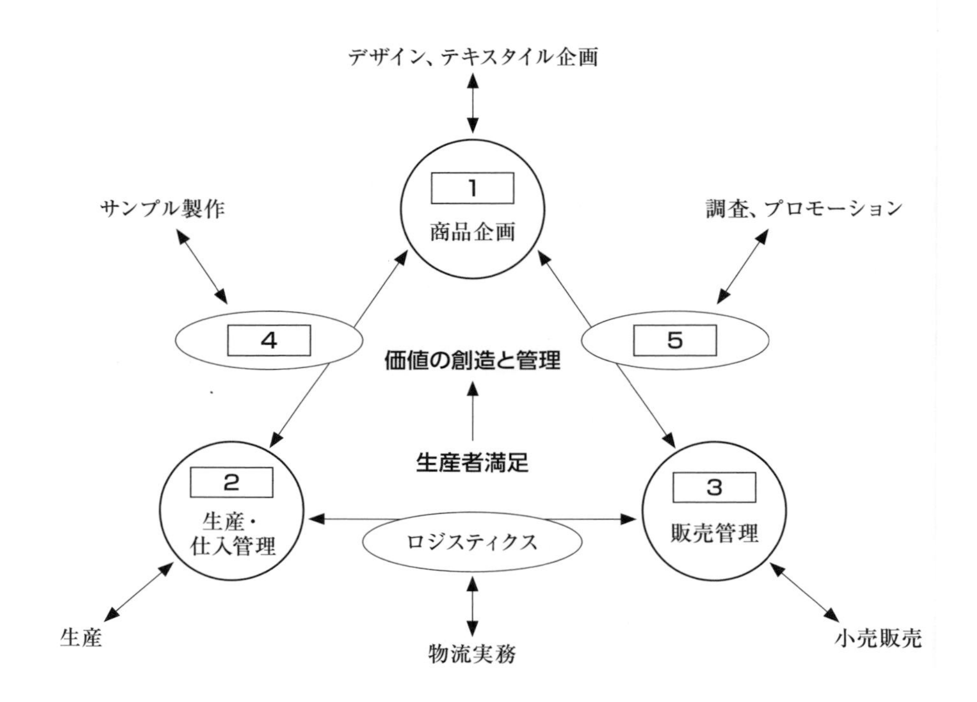

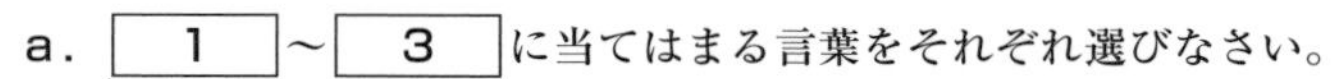
ａ．［１］～［３］に当てはまる言葉をそれぞれ選びなさい。

ア． 企

イ． 創

ウ． 工

エ． 商

ｂ．［４］と［５］に当てはまる言葉をそれぞれ選びなさい。

ア． モデリング

イ． コンテンツ

ウ． コミュニケーション

エ． デザイン

オ． ディストリビューション

問2　下記ａ～ｅは、繊維ファッション産業の歴史に関する文章です。正しいものには解答番号の記号アを、誤っているものには記号イをマークしなさい。

ａ．1960年以前の日本のファッションビジネスは特定の顧客を対象としたオートクチュールやテーラーが担っていた。　6

ｂ．1960年代には、日本のファッションビジネスは２極化し、消費者が自ら商品・ブランド・店舗を自由に選択するという一人十色の時代となった。　7

ｃ．1990年代の終盤になると、専門店を集結させたファッションビルや百貨店と専門店群を混ぜ合わせた郊外型ショッピングセンターが誕生した。　8

ｄ．2000年代には、リーマンショックの影響も受けて、セレクトショップのＰＢ商品の開発などは減っていった。　9

ｅ．2010年代になると天候異変や社会問題などが人々に大きな心理的・経済的な変化を与え、スペンドシフトが進んだ。　10

問3　下記のａ～ｅは、近年のファッションビジネス動向に関する用語の説明文です。それぞれの説明文に当てはまる用語を、語群〈ア～コ〉から選び、解答番号の記号をマークしなさい。

ａ．月間や年間などの一定期間内に金銭的契約を行い、商品を借りたりサービスを受けたりすることができるシステム。　11

ｂ．ファッション企業の中でも多く取り入れられている、国際的な共通意識として国連が掲げている目標。　12

ｃ．在庫やロスをなくして、生産のリードタイムを短縮し、最小限の在庫で的確に消費者に商品を提供しようという考え方。　13

ｄ．2000年頃から経済産業省により行われている３Ｒ政策に加えて、企業独自のＲを増やしている例で、再生製品の使用を心がけること。　14

ｅ．生産者の労働条件や自然環境に配慮したファッションのこと。　15

ア	コンストラクション	イ	REGENERATION	ウ	ロハスファッション
エ	ＳＤＧｓ22の目標	オ	ＱＣ	カ	ＱＲ
キ	エシカルファッション	ク	ＲＥＦＯＲＭ	ケ	ＳＤＧｓ17の目標
コ	サブスクリプション				

問4　下記a～eは、ファッション生活・ファッション市場・ファッション消費に関する文章です。［　　］の中にあてはまる言葉を、語群〈ア～コ〉から選び、解答番号の記号をマークしなさい。

a．2020年、新型コロナウイルス感染症の感染拡大を受け、手洗いなど基本的な感染対策の実施や3密の回避、移動の自粛、通販の利用、テレワークの実施等を盛り込んだ「新しい［ 16 ］」が厚生労働省によって公表され、消費者一人一人の行動変容が求められる社会状況となった。

b．［ 17 ］という言葉とは、持続可能性のことで、特に地球環境を保全しつつ持続が可能な産業や開発などについて使われる。

c．欲しいものを購入するのではなく、必要なときに借りればよい、他人と共有すればよいという考えを持つ人やニーズが増えている。このようなニーズに応える、物・サービス・場所などを、多くの人と共有・交換して利用する社会的な仕組みを［ 18 ］エコノミーという。

d．［ 19 ］では、発展途上国の産品を、適正な価格で継続的に購入することを通じ、立場の弱い生産者や労働者の生活改善と自立を目指している。

e．エベレット・M・ロジャーズが提唱したイノベーター理論では、イノベーターは、下図の［ 20 ］に位置する。

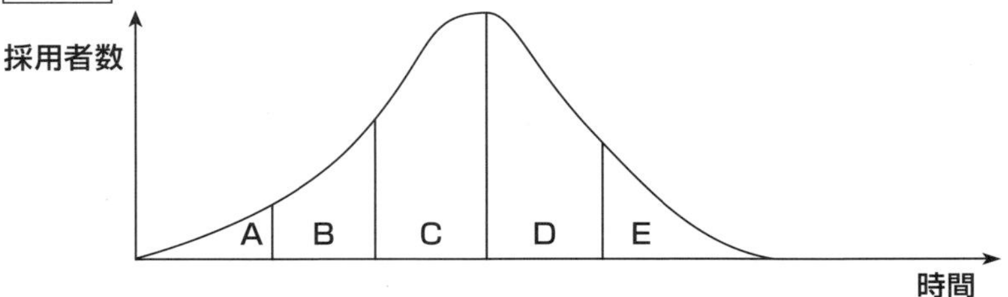

16の語群	ア	生活様式	イ	消費行動	ウ	購買方法
17の語群	ア	サステナブル	イ	サブスクリプション	ウ	サバイバル
18の語群	ア	ソーシャル	イ	シェアリング	ウ	クローズド
19の語群	ア	フリートレード	イ	オンライントレード	ウ	フェアトレード
20の語群	ア	A	イ	C	ウ	E

問5　下記のａ～ｅは、世界のアパレル産業に関する文章です。□の中にあてはまる言葉を、それぞれの語群〈ア～ウ〉から選び、解答番号の記号をマークしなさい。

ａ．大量生産・大量消費モデルを生み出した［21］のアパレルビジネスは、グローバル化のもと、システム化、ネットワーク化が進んだ。

ｂ．世界の３大コングロマリット、ＬＶＭＨ、リシュモン、［22］がある。

ｃ．19世紀に半ばにオートクチュールが生まれた［23］では、いまだにデザイナーの発表の場としての優位性をもっている。

ｄ．トラディショナルファッションのルーツである［24］では、新しいストリートカルチャーも生まれた。

ｅ．スペインやスウェーデンではグローバルに展開する［25］が生まれた。

21の語群	ア	スペイン	イ	中国	ウ	アメリカ
22の語群	ア	ピノー	イ	ケリング	ウ	ＰＰＲ
23の語群	ア	イタリア	イ	フランス	ウ	イギリス
24の語群	ア	イギリス	イ	イタリア	ウ	フランス
25の語群	ア	ＯＥＭ	イ	ＳＰＡ	ウ	ＳＰＹ

問6　下記a～dは、繊維産業に関する文章です。[　　　]の中にあてはまる言葉を、それぞれの語群〈ア～ウ〉から選び、解答番号の記号をマークしなさい。

a．伝統的な柄で知られる綿織物には、インドネシアの[26]などがある。

b．織布メーカー、生地メーカーのことを機屋というが、この読み方は「[27]」である。

c．[28]は、北陸の石川・福井・富山圏域が最大の産地として発展した。

d．特殊糸として、[29]（ファンシーヤーン）、加工糸（[30]）などがある。

26の語群	ア	バティック	イ	ゴブラン	ウ	トルファン
27の語群	ア	きや	イ	きおく	ウ	はたや
28の語群	ア	化合繊織物	イ	綿織物	ウ	毛織物
29の語群	ア	紡績撚糸	イ	意匠撚糸	ウ	昇華撚糸
30の語群	ア	スペックヤーン	イ	テキスチャードヤーン	ウ	フィックスヤーン

問7　下記ａ～ｅは、小売業とショッピングセンターに関する用語とその説明文です。［　　］の中にあてはまる言葉を、語群〈ア～コ〉から選び、解答番号の記号をマークしなさい。

ａ．［ 31 ］ショップ：多店舗展開する専門店が、ショップのコンセプトやイメージを最適に表現して、全店舗の中心になってリードしていく、業態を象徴するショップである。

ｂ．［ 32 ］ストア：ある一定期間、集客力のあるショッピングセンターなどのスペースを借りて出店する期間限定店舗。

ｃ．Ｄ２Ｃ：“Direct to Consumer”の略で、自社で企画・製造し、［ 33 ］限定で消費者に商品を販売するビジネスモデル。

ｄ．［ 34 ］ＳＣ：１万㎡未満の店舗面積で、スーパーマーケットがキーテナントとして出店し、日常的な商品を取扱うテナントが入店するショッピングセンター。

ｅ．［ 35 ］：ショッピングセンター内で区画された店舗に賃料を払って営業する企業。

ア	ディベロッパー	イ	テナント	ウ	ネット	エ	エリア
オ	ライフスタイル	カ	フラッグシップ	キ	ポップアップ	ク	スーパー
ケ	ネイバーフッド	コ	リージョナル				

問8　下記a～eは、繊維製品や服飾雑貨のアイテムです。それぞれの主要な日本の産地を、語群〈ア～コ〉から選び、解答番号の記号をマークしなさい。

a．ニット　36

b．タオル　37

c．靴下　38

d．ジーンズ　39

e．ジュエリー　40

ア	山形	イ	十日町	ウ	甲府	エ	浜松	オ	奈良
カ	西脇	キ	豊岡	ク	児島	ケ	今治	コ	奄美大島

問9　下記a～cは、企業環境の分析方法に関する文章です。[　　　]の中にあてはまる言葉を、それぞれの語群〈ア～ウ〉から選び、解答番号の記号をマークしなさい。

a．競合店に客を装って出向き、実際の買い物を行う過程で接客レベルやクレーム処理などの内容をリサーチすることを[41]という。

b．市場機会の分析をする際の重要なファクターである３Ｃとは、消費者、競合者、[42]の３つの英語表記である、customer、competitor、[43]の頭文字を取ったものである。

c．ＳＷＯＴ分析とは、強み（strength)、弱み（weakness)、[44]（[45]）、脅威（threat）のことである。

41の語群	ア	ブラインドショッパー	イ	ミステリーショッパー	ウ	シークレットショッパー
42の語群	ア	企業	イ	事業	ウ	株式会社
43の語群	ア	company	イ	corporation	ウ	condition
44の語群	ア	状況	イ	機会	ウ	可能性
45の語群	ア	opportunity	イ	option	ウ	occasion

問10　下記a～eは、ファッション企業のマーケティング活動で使用する用語です。それぞれに該当する説明文を、文章群〈ア～コ〉から選び、解答番号の記号をマークしなさい。

a．ビジネスモデル　46
b．ＳＥＭ　47
c．ブランドエクイティ　48
d．コラボレーション　49
e．インフルエンサーマーケティング　50

ア	ブランドの持っている、信頼感や知名度など無形の価値を企業資産として評価したもの。
イ	自社ブランドと競合他社ブランドを、消費者の購買意識を想定したうえで位置づけ、総体的に優位な位置を占めようとすること。
ウ	商品やブランドがターゲットとするコミュニティやセグメント内において、人気のあるインスタグラマーなどの周囲に影響を与える人物を見つけ、彼らに対してアプローチする方法。
エ	ブランドコンセプトに基づいて、最適なコミュニケーション手段を組み合わせること。
オ	企業が売上や収益を上げるための、事業の構造や仕組み。
カ	顧客が体験する価値のことで、商品やサービスの機能や価格などはもとより、ブランドイメージや、商品やサービスの購入前、購入後のサポートなど、自社の商品やサービスに関連する顧客体験も含まれる。
キ	企業、個人、団体同士が協力し、生産から流通、販売まであらゆるところで事業の発展、拡大を進めるための取り組み、またはそのために結んだ協力関係。
ク	ネット上での検索エンジンを利用したマーケティング手法。
ケ	市場機会を分析する際の、消費者、競争相手、自社のこと。
コ	マーケティング戦略を実行するための、コスト、流通経路、情報伝達のこと。

問11　下記ａ～ｅは、小売業のマーケティングに関する文章です。[　　　]の中にあてはまるものを、それぞれの〈ア・イ〉から選び、解答番号の記号をマークしなさい。

ａ．クリック＆コレクトは[51]において、より実現しやすい。
　ア．Ｄ２Ｃ
　イ．多店舗小売業

ｂ．2021年４月以降、小売業における価格表示は[52]が義務化された。
　ア．消費税込みの総額表示
　イ．本体価格＋消費税での表示

ｃ．あるＥＣサイトで閲覧者数が100万人、商品を購入した人が２万人とすると[53]率は２％ということになる。
　ア．エンゲージメント
　イ．コンバージョン

ｄ．[54]では専門店やメーカーなどの余剰在庫を買取り、定価よりも安く販売する。
　ア．オフプライスストア
　イ．アウトレットストア

ｅ．小売業において在庫日数が[55]と品切れや機会ロスが起きやすくなる。
　ア．長すぎる
　イ．短すぎる

問12 下記a～eは、インターネットとマーケティングに関する文章です。それぞれの文章に当てはまる言葉を、それぞれの語群〈ア～ウ〉から選び、解答番号の記号をマークしなさい。

a．キャッシュレス対応の中で、後払いのこと。 [56]

b．クリック数に応じて課金されるインターネット広告。 [57]

c．ＩＴを駆使して、ターゲット消費者となる個人と直接コミュニケートして反応を獲得しながら関係性を構築しようとするマーケティング手法。 [58]

d．消費者購買モデルのＡＩＳＡＳのＩ。 [59]

e．ネットとリアル店舗を連携させる概念。 [60]

語群						
56の語群	ア	アフターペイ	イ	プリペイド	ウ	ポストペイ
57の語群	ア	リスティング	イ	ＳＥＯ	ウ	ＰＰＣ
58の語群	ア	プライベート マーケティング	イ	ダイレクト マーケティング	ウ	ターゲティング マーケティング
59の語群	ア	Ignore	イ	Interest	ウ	Inform
60の語群	ア	Ｏ２Ｏ	イ	Ｃ２Ｃ	ウ	Ｂ２Ｃ

問13　下記a～eは、アパレルマーチャンダイジングに関する問題です。それぞれの設問に該当する解答をそれぞれの〈ア～ウ〉から選び、解答番号の記号をマークしなさい。

a．ＳＰＡのマーチャンダイジングの特徴を表している文章を選びなさい。　61

ア．マンスリーマーチャンダイジング、ウイークリーマーチャンダイジングを行う。

イ．世界のアパレルメーカーから商品をバイイングする。

ウ．年２回の展示会を単位にしたマーチャンダイジングを行う。

b．日本市場で、商品回転率が最も低いと思われる月を選びなさい。　62

ア．８月

イ．10月

ウ．12月

c．アパレルメーカーが、上代を設定する時期を選びなさい。　63

ア．展示会を開催する前。

イ．商品を納品する時期。

ウ．商品を値下げする時期。

d．同じ内容をさす言葉の組み合わせを選びなさい。　64

ア．イメージターゲット ― リアルターゲット

イ．マークアップ ― 値上げ

ウ．型数 ― 品番数

e．次のうち、誤っている文章を選びなさい。　65

ア．ローゲージのセーターは、一般に春夏よりも秋冬の方が商品構成の比率が高い。

イ．生産数量を決定する際に、短サイクルに変化する商品は、ベーシックな商品と比較して、展示会受注数量に上乗せする数量を多くする傾向がある。

ウ．期中企画商品は、先物企画商品と比較してリードタイムが短い。

問14　下記a～eは、リテールマーチャンダイジングとバイイングに関する文章です。［　　］の中にあてはまるものを、それぞれの〈ア～ウ〉から選び、解答番号の記号をマークしなさい。

a．マーチャンダイジングにおける［ 66 ］とは、売り場の商品や商品群の組み合わせをさす。

ア．アセスメント

イ．エレメント

ウ．アソートメント

b．ファッション関連のアップサイクルは、元の物よりも価値を高めた［ 67 ］といえる。

ア．リサイクル

イ．リメイク

ウ．リデュース

c．ドメスティックブランドのバイイング強化を図ると、必然的に［ 68 ］。

ア．国内仕入れの比率が上がる

イ．海外仕入れの比率が上がる

ウ．国内仕入れの比率が下がる

d．「当用買い」に徹する小売業の狙いの一つは、［ 69 ］と推察される。

ア．差別化の強化

イ．在庫の軽減

ウ．粗利益率の上昇

e．日本の百貨店におけるラグジュアリーブランドの仕入条件は［ 70 ］がもっとも多い。

ア．買取仕入

イ．委託仕入

ウ．消化仕入

問15　下記a・bは、商品構成とVMDに関する文章です。[　　　]の中にあてはまるものを、語群〈ア～コ〉から選び、解答番号の記号をマークしなさい。

a．シーズンの合間の時期を端境期といい「[71]」と読む。天候的にも中途半端な時期なので商品構成においては、例えば暑さが続く9月であれば[72]物で対応したり、1月のセール後のまだ寒い時期には[73]物で対応したりする。

b．こうした端境期のVMD、特にショーウンドウやメインディスプレイでは、フルコーディネートによる[74]提案に力を入れ、すぐに売れないまでも顧客に強い印象を残し[75]につなげることが大切となる。

ア	先物	イ	シーリング	ウ	はしきょうき	エ	梅春	オ	秋冬
カ	晩夏	キ	現物	ク	実売期	ケ	はざかいき	コ	次年度

問16　下記a・bは、アパレルビジネスにおける価格に関する文章です。［　　］の中にあてはまる言葉または数値を、語・数値群〈ア～コ〉から選び、解答番号の記号をマークしなさい。

a．基準価格の設定について

基準価格は、建値、［76］価格ともいい、生産や販売の目安となる単位当たりの価格で、値引きされる以前の本来の価格を言う。

基準価格を設定する方法は、

①原価から算定する方法

②需給均衡から設定する方法

③競争構造を考慮して設定する方法

に大別できる。現実のアパレル企業では、これら要素、特に①の原価と②の顧客から見た商品価値と③の競争ブランドの価格の3点を留意して設定することが多い。

なお、①の方法のひとつにマークアップ法があり、製品1枚あたりの原価と販売費・一般管理費に［77］を加えて価格が設定される。

b．某アパレル企業展示会の一事例

今年度冬物展示会におけるコートは、合計625着を生産する予定である。コートの平均上代は4万円、平均原価は1万円である。そのため、コートの総生産予算は原価で［78］万円、平均原価率は［79］%となった。

なお、上記の場合、コートの建値消化率を60%、平均掛率を60%と想定した場合、メーカーとしての正規上代売上高は［80］万円となる。

ア	コスト	イ	プロパー	ウ	ホールセール	エ	マージン	オ	25
カ	400	キ	625	ク	875	ケ	900	コ	2500

問17　下記a～eは、ファッション関連の情報と見本市に関する問題です。それぞれの設問に該当する解答をそれぞれの〈ア～ウ〉から選び、解答番号の記号をマークしなさい。

a．2021AWファッションウィークが最も早い時期に行われたものを選びなさい。　81

ア．楽天ファッションウィーク東京

イ．パリファッションウィークウイメンズ

ウ．ミラノファッションウィークウイメンズ

b．2021年秋冬向けの展示会が、最も早く開催された見本市を選びなさい。　82

ア．アパレル見本市

イ．テキスタイル見本市

ウ．ヤーン見本市

c．イタリアで開催されるテキスタイル見本市を選びなさい。　83

ア．ミラノウニカ

イ．モーダミラノ

ウ．MICAM

d．ファッショントレンド予測情報サービスの会員制サイトを選びなさい。　84

ア．WWD・MAGIC

イ．WGSN

ウ．WEAR

e．ファッションリソースに該当するものを選びなさい。　85

ア．最新ファッションウィークの画像

イ．競合ブランドの売れ筋商品情報

ウ．デザイナーのアイデア源となる、過去のデザイン画や衣装

問18　下記a～eは、アパレル生産管理に関する文章です。［　　］の中にあてはまる言葉を、語群〈ア～コ〉から選び、解答番号の記号をマークしなさい。

a．生産管理とは、「企業理念にのっとり、定められた品質・規格・コスト・数量の製品を、定められた［ 86 ］までに完成させるための一連の活動」のことである。

b．［ 87 ］とは、「不良品を顧客に提供することがないように、製品の品質を一定のものに安定させ、かつ向上させるための様々な管理」のことである。

c．アパレルメーカーが商社に［ 88 ］業務を委託する場合、商社はアパレルメーカーのブランドを付けて販売される商品を、デザインや使う素材・生産背景までを決めて提案し受注生産してアパレルメーカーに納品する。

d．一般に、生産のリードタイムが［ 89 ］と原価は高くなる傾向がある。

e．アパレルメーカーの生産管理部門は、工業用パターンの作成、使用生地の要尺、使用芯地の指定、［ 90 ］の作成などをパターンメーカーに依頼する。

ア	ＯＤＭ	イ	ＯＥＭ	ウ	ＱＲ	エ	ＱＣ	オ	納期
カ	意匠	キ	縫製仕様書	ク	工程分析表	ケ	短い	コ	長い

問19　下記ａ～ｅは、アパレル物流に関する文章です。正しいものには解答番号の記号アを、誤っているものには記号イをマークしなさい。

ａ．調達物流、生産物流、販売物流を総じて、静脈物流と表現することがある。　91

ｂ．荷役とは、商品や原材料を倉庫や物流センターに運び入れ、仕分けや出荷を行う業務のことである。　92

ｃ．WMS（Warehouse Management System）は、倉庫運営業務全般を管理する倉庫管理システムのことである。　93

ｄ．物流倉庫や車両などを保有する物流業者は、ノンアセット型と表現される。　94

ｅ．輸配送管理は、配車や輸配送業務、運賃計算、貨物追跡などの管理業務全般のことである。　95

問20　下記ａ～ｅは、ＳＣＭ（サプライチェーンマネジメント）に関する文章です。［　　］の中にあてはまる言葉を、語群〈ア～コ〉から選び、解答番号の記号をマークしなさい。

ａ．ＳＣＭは、［ 96 ］と販売機会ロスの極小化に関し、最適化を図る取り組みである。

ｂ．ＲＦＭ分析におけるＭは、［ 97 ］を現した単語の頭文字である。

ｃ．ＪＡＮコードには、必ず１桁の［ 98 ］が記されている。

ｄ．ＣＲＭ（カスタマーリレーションシップマネジメント）は、顧客との［ 99 ］により収益性を図る取り組みのことである。

ｅ．鉄道関連企業に活用されている決済用ＩＣカードは、ＲＦＩＤの［ 100 ］型自動認証技術を活用した仕組みである。

ア	粗利益高の向上	イ	購入回数	ウ	チェックデジット	エ	接触
オ	関係性強化	カ	在庫削減	キ	通信	ク	購入金額
ケ	非接触	コ	国コード				

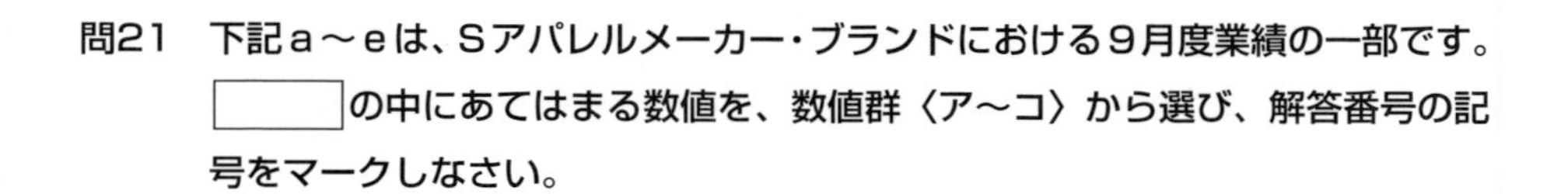

問21　下記a～eは、Sアパレルメーカー・ブランドにおける9月度業績の一部です。［　　］の中にあてはまる数値を、数値群〈ア～コ〉から選び、解答番号の記号をマークしなさい。

a．ＳＣ内のＡ直営店は、20坪の面積で展開しており、９月度の売上は［ 101 ］万円であった。売上歩合10％の賃貸借契約であったため、９月度は80万円の家賃が発生した。

b．消化仕入れで取引しているＢ百貨店では９月度、上代で1000万円分を店頭に納品する一方で100万円分を店頭から引き揚げた。商品の店頭売上は、上代で840万円であった。９月度、掛率が70％、原価率が25％であったので、Ｂ百貨店での店頭在庫はＳアパレルメーカーの原価で［ 102 ］万円増えることとなった。

c．Ｓアパレルメーカーは、約40軒のセレクトショップと取引している。９月度はこれらのセレクトショップに対して上代で総額5000万円の商品を卸販売した。平均掛率が60％、平均原価率が25％であったため、Ｓアパレルメーカーには［ 103 ］万円の粗利益が発生した。

d．Ｄ直営サイトの９月度の売上は2000万円であった。サイトアクセス数は４万アクセス、転換率は［ 104 ］％であったので、客単価は１万円となった。

e．Ｅオンラインモールにおける直営サイトの９月度の売上は、1600万円であった。手数料率が25％であったため、９月度は［ 105 ］万円の手数料が発生した。

ア	5	イ	15	ウ	75	エ	378	オ	400
カ	500	キ	800	ク	1200	ケ	1750	コ	1600

問22　下記ａ～ｅは、アパレル営業とチャネル管理に関する問題です。それぞれの設問に該当する解答をそれぞれの〈ア～ウ〉から選び、解答番号の記号をマークしなさい。

ａ．アパレルメーカーの営業担当者の「小売店からの受注業務」に該当する内容を選びなさい。　106

ア．展示会でバイヤーに記入してもらうための受注書を作成する際に、品番ごとに上代と掛率を記載する。

イ．営業担当者は、展示会開催後、取引小売店別の受注金額を集計する。

ウ．得意先を巡回する際に売上代金の請求書を受け取る。

ｂ．アパレルメーカーが10月１日に商品を小売店舗に納品した際、10月１日時点でアパレルメーカーの売上高が計上されるケースを選びなさい。　107

ア．アパレルメーカーが、買取り条件の専門店に商品を納品した場合。

イ．アパレルメーカーが、売上仕入条件の百貨店に商品を納品した場合。

ウ．アパレルメーカーが、ショッピングセンター内の直営店に商品を納品した場合。

ｃ．「下代取引」に該当するものを選びなさい。　108

ア．アパレル企業が下代で消費者に販売する。

イ．上代に掛率を掛けて、下代で卸販売する。

ウ．小売企業が商品を仕入先から下代で仕入れ、自らの採算に基づいて上代を設定する。

ｄ．代金回収業務で使われる「締め日」の説明文を選びなさい。　109

ア．商品の受渡し日

イ．期間の取引の合計をする期日

ウ．販売代金を回収する期日

ｅ．次のうち、誤っている文章を選びなさい。　110

ア．一般に百貨店取引では、買取仕入の方が売上仕入よりも、掛率が高い。

イ．一般にＳＰＡは、デザイナーブランドと比較して、百貨店インショップ展開よりもショッピングセンターのテナントとなるケースが多い。

ウ．一般にアパレルメーカーにとって、ＳＣ出店は百貨店インショップ展開よりも、粗利益率が高い。

問23　下記a～cは、店舗運営に関する文章です。[　　　]の中にあてはまる言葉を、語群〈ア～コ〉から選び、解答番号の記号をマークしなさい。

a．[111]はロードサイドによく見られる出店形式で、広い駐車場を備えていることから[112]の波に乗って、とりわけ郊外の商業立地を変えてきた。

b．ただし近年、利便性の高い大型ＳＣの広がりに対して、特に[113]力に陰りが見えていた。

c．しかし商業施設内の[114]と違い必然的に[115]が保たれるため、コロナ禍で優位性を発揮するようになっている。

ア	ソーシャルネットワーク	イ	ドミナント出店	ウ	集客
エ	価格訴求	オ	フリースタンディング	カ	ディベロッパー
キ	ゼネレーションX	ク	テナント	ケ	ソーシャルディスタンス
コ	モータリゼーション				

問24　下記ａ～ｅは、多店舗運営に関する文章です。［　　　］の中にあてはまるものを、それぞれの〈ア～ウ〉から選び、解答番号の記号をマークしなさい。

ａ．チェーンストア理論の中心となる考え方は、「集中化と［116］」といえる。

ア．類型化

イ．標準化

ウ．個性化

ｂ．同一資本で運営されているチェーンストアを［117］という。

ア．ボランタリーチェーン

イ．フランチャイズチェーン

ウ．レギュラーチェーン

ｃ．［118］は「任意連鎖店」と訳されている。

ア．ボランタリーチェーン

イ．フランチャイズチェーン

ウ．レギュラーチェーン

ｄ．「［119］」においては、展開店舗数が多いほど顧客のＥＣ購入商品の受取場所が増えることになる。

ア．ＵＩ・ＵＸ

イ．ＢＯＰＩＳ

ウ．ＶＲ

ｅ．［120］は、店長や販売スタッフに効果的な助言を与えながら、本部と各店の橋渡しを担う職種である。

ア．ディストリビューター

イ．クリエイティブディレクター

ウ．スーパーバイザー

問25　下記ａ～ｅは、ネットショップ運営に関する文章です。それぞれの文章に当てはまる言葉を、それぞれの語群〈ア～ウ〉から選び、解答番号の記号をマークしなさい。

ａ．月間のアクティブユーザーのこと。　121

ｂ．掲示板や、口コミサイトなど、一般の消費者が参加してできていくメディアのこと。　122

ｃ．成果報酬型広告のこと。　123

ｄ．アクセスの重複を省いたサイトへの訪問者数のこと。　124

ｅ．「フォントが読みやすい」「対応がとても丁寧だった」などのＥＣサイトで消費者が感じる体験のこと。　125

121の語群	ア	ＭＡＵ	イ	ＭＭＵ	ウ	ＭＵＡ
122の語群	ア	ＣＧＭ	イ	ＣＲＭ	ウ	ＧＭＳ
123の語群	ア	バナー広告	イ	アフィリエイト	ウ	テキスト広告
124の語群	ア	ＵＵ	イ	ＵＩ	ウ	ＵＸ
125の語群	ア	ＵＸ	イ	ＵＵ	ウ	ＵＩ

問26　下記a～cは、ファッション企業のプロモーションに関する文章です。それぞれの設問に該当する解答を、それぞれの語群〈ア～エ〉から選び、解答番号の記号をマークしなさい。

a．下記はトリプルメディアの表である。［126］と［127］と［128］に当てはまる単語をそれぞれ選びなさい。

ア．オウンドメディア

イ．ペイドメディア

ウ．シェアードメディア

エ．アーンドメディア

項目＼名称	126	127	128
ウェブ上	検索連動型広告・タイアップ	公式ウェブサイト・公式ＳＮＳ	ＣＧＭ・個人や専門家のサイトやＳＮＳ
ウェブ以外の例	マス広告・交通広告	イベント開催・社員	マスコミ報道・社員
メリット	コントロール可能 即効性	消費者と密なコミュニケーションがとれる	情報が信頼されやすい セールスに影響
デメリット	コストが高く、競合が多い	消費者に見つけてもらう努力が特に必要	コントロール不可のため、リスクマネジメントが重要

b．情報開示や危機管理、インタラクティブコミュニケーションなど、ステークホルダーや社会との良好な関係構築活動を行うプロモーション活動の名称を選びなさい。［129］

ア．ＣＩ

イ．ＰＲ

ウ．ＣＭ

エ．ＢＩ

c．環境と人、人と人との間のコミュニケーションの仲立ちをする媒体を選びなさい。

［130］

ア．パブリシティ

イ．ミニコミ

ウ．メディア

エ．ディスクロージャー

問27　下記ａ～ｅは、ネットショップ運営に関する文章です。それぞれの設問に該当する解答を、それぞれの語群〈ア～ウ〉から選び、解答番号の記号をマークしなさい。

ａ．インセンティブの内容として適している内容を選びなさい。　131

ア．セット購入者にプレゼントを渡す。

イ．新規顧客にＬＩＮＥ登録をしてもらう。

ウ．購入客から古着を回収する。

ｂ．自社のウェブサイトへのアクセスを増やすために一番効果的でない内容を選びなさい。　132

ア．他のウェブサイトと連携して広告を出す。

イ．自社のネットショップを単独で開設する。

ウ．顧客にウェブサイトの情報についてＤＭを出す。

ｃ．ＥＣサイトでの客単価を上げるために最も効果的な行動を選びなさい。　133

ア．送料無料の合計金額を１つの商品単価より安く設定する。

イ．送料無料の合計金額を１つの商品単価より高く設定する。

ウ．送料を無料にする。

ｄ．クリスマスのプロモーションを行うのに適した時期を選びなさい。　134

ア．ミッドサマー／盛夏

イ．オータム／秋

ウ．ウィンター／冬

ｅ．父の日や母の日のプロモーションを行うのに適した時期を選びなさい。　135

ア．スプリング／春

イ．アーリーサマー／初夏

ウ．オータム／秋

問28　下記のａ～ｅは、職種別業務に関する説明文です。それぞれの説明文に当てはまる職種を、語群〈ア～コ〉から選び、解答番号の記号をマークしなさい。

ａ．アパレルメーカーのブランド別商品企画部門の責任者。　136

ｂ．多店舗チェーン展開をしている企業で、店舗ごとの売上規模や在庫状況に合わせて、アイテムごとの分配数量と時期を決定する職種のこと。　137

ｃ．アパレル企業で、標準サイズの型紙をもとにして、大小各種サイズの工業用型紙を作る専門家のこと。　138

ｄ．商品や写真の貸し出し、取材のアレンジメント、記者発表、ショーや展示会の企画、デザイナーの秘書業務など、広報と販促の多様な仕事をする担当者のこと。　139

ｅ．デザイナーのアイデアやデザイン画に基づいてパターンやサンプル製作を行う専門家のこと。　140

ア	スーパーバイザー	イ	ディストリビューター	ウ	グレーダー
エ	ショップマネジャー	オ	ファッションコーディネーター	カ	バイヤー
キ	マーチャンダイザー	ク	モデリスト	ケ	アタッシェドプレス
コ	テキスタイルデザイナー				

問29　下記a～eの文章の［　　］の中にあてはまる言葉を、語群〈ア～コ〉から選び、解答番号の記号をマークしなさい。（解答番号141は同一の言葉を２回使用、解答番号145は３回使用）

a．経営［ 141 ］とは、企業が経営を行う上で利用できる有形あるいは無形の［ 141 ］のことで、ヒト、モノ、カネ、情報などの総体である。

b．ＰＤＣＡサイクルとは、経営管理における、PLAN、［ 142 ］、CHECK、ACTIONの一連の流れを示したものをいう。

c．［ 143 ］（ストラテジー）とは、企業としての大局的な方針であり、戦術とはそれを具体的に展開する細かい方策である。

d．ＣＳ（顧客満足）に対して、従業員満足のことを［ 144 ］という。

e．労働［ 145 ］法は、労働者の労働［ 145 ］についての最低［ 145 ］を定めた法律で、労働時間、休日、年次有給休暇、時間外労働、安全、雇用制度などを定めている。

ア	戦略	イ	戦法	ウ	資本	エ	資源	オ	組合
カ	基準	キ	ＥＳ	ク	ＳＳ	ケ	ＤＯ	コ	DESIGN

問30　下記のａ～ｅは、ＩＴに関する用語の説明文です。それぞれの説明文にあてはまる用語を、語群〈ア～コ〉から選び、解答番号の記号をマークしなさい。

ａ．モノや人の現在位置を測定するためのシステムのこと。 146

ｂ．天候や気温などの気象データや催事情報などの売上に影響するデータのこと。 147

ｃ．「販売日時」「販売場所」「販売価格」「販売数量」などがわかるレジのシステムのこと。 148

ｄ．自分自身を複製して、他のシステムに拡散するという性質を持ったマルウェアのこと。 149

ｅ．個人データに関するＥＵ一般データ保護規則のこと。 150

ア	ハッキング	イ	カテゴリーデータ	ウ	ＧＰＳ	エ	コーザルデータ	オ	ワーム
カ	ＰＲ	キ	ＦＳＰ	ク	ＧＤＰ	ケ	ＰＯＳ	コ	ＧＤＰＲ

問31　下記a～eは、企業会計とビジネス計数に関する文章です。［　　］の中にあてはまる言葉を、それぞれの語群〈ア～ウ〉から選び、解答番号の記号をマークしなさい。（解答番号152は同一の言葉を2回使用）

a．会計（［151］）とは、「金銭の収支、財産の変動、損益の発生を貨幣単位によって記録・計算・整理し、管理および報告する行為」である。

b．資産は、その性質により［152］資産と固定資産、繰延資産に大別される。そのうち［152］資産とは、現金ならびに1年以内に現金化される資産を言い、現金、預貯金、売掛金、前渡金、商品、半製品、原材料、仕掛品などがある。

c．限界利益は、「売上高－［153］」によって求められる。

d．アパレルメーカーにとって、［154］が上がると粗利益率が向上する。

e．［155］とは、新規顧客のうち再注文してくれた顧客の比率で、マーケティング上の重要な指標である。

151の語群	ア	アカウンティング	イ	ファイナンス	ウ	ブックキーピング
152の語群	ア	金融	イ	変動	ウ	流動
153の語群	ア	仕入高	イ	変動費	ウ	固定費
154の語群	ア	原価率	イ	プロパー消化率	ウ	買掛金回転率
155の語群	ア	リピート率	イ	リピーター率	ウ	コンバージョン率

問32　下記ａ～ｅは、2021年度に某小売店舗が目標とする計数指標です。設定条件である2021年度予算から判断して、それぞれに該当する数値を、数値群〈ア～コ〉から選び、解答番号の記号をマークしなさい。

〈設定条件－2021年度予算〉

1．売上高：1,000（百万円）

2．売上原価：600（百万円）

3．変動経費：60（百万円）

4．固定経費：306（百万円）

5．期首在庫：82（百万円）

6．期末在庫：86（百万円）

7．坪数：250（坪）

（売上原価、在庫高、仕入高は原価で表記）

ａ．商品仕入高：［156］（百万円）

ｂ．営業利益：［157］（百万円）

ｃ．商品回転日数：［158］日

ｄ．損益分岐点売上高：［159］（百万円）

ｅ．坪効率（年間）：［160］（百万円）

ア	0.25	イ	4	ウ	7.2	エ	34	オ	51.1
カ	400	キ	600	ク	604	ケ	900	コ	966

問33　下記a～eは、ファッションビジネスの法務に関する問題です。それぞれの設問に該当する解答をそれぞれの〈ア～ウ〉から選び、解答番号の記号をマークしなさい。

a.「特許権、意匠権、商標権、著作権など、アイデアや創造性、デザイン、著作物、芸術など、人間の精神的活動の所産で財産的価値のあるものを排他的に保護する権利」を選びなさい。　161

ア. 債権

イ. 知的財産権

ウ. 営業権

b. 株式会社の最高意思決定機関を選びなさい。　162

ア. 取締役会

イ. 理事会

ウ. 株主総会

c. 商品を購入した際、代金後払いとなるカードを選びなさい。　163

ア. デビットカード

イ. クレジットカード

ウ. プリペイドカード

d. 独占禁止法を運用している機関を選びなさい。　164

ア. 消費者庁

イ. 公正取引委員会

ウ. 会計検査院

e. 割賦販売法によって規定されている、消費者を保護する制度を選びなさい。　165

ア. クーリングオフ

イ. 誇大・虚偽の広告や表示の禁止

ウ. 家庭用品の品質表示の方法

問34　下記ａ～ｅは、グローバルビジネスと貿易に関する文章です。［　　］の中にあてはまる文章を、文章群〈ア～コ〉から選び、解答番号の記号をマークしなさい。

ａ．グローバルファッションビジネスでは、ブランドネーム・ロゴタイプなどのＢＩや、商品のデザインポリシーやスタイリング方針はほぼ均一化されているが、［166］は、カントリー特性が大きく影響を及ぼすことが多い。

ｂ．貿易では、通貨の異なる相手との取引となることが多いため、［167］リスクがある。

ｃ．貿易取引の決済方法として用いられるＬＣ（信用状）は、［168］になる。

ｄ．ＬＣ（信用状）にもとづく取引は、①商品・取引先（市場と取引企業）の選定、②契約、③輸送手段の確保・保税地域への搬入、［169］、の順に進められる。

ｅ．ＣＩＦとは、貿易取引における［170］である。

ア	運賃・関税込の条件のことで、ＦＯＢに運賃・関税が加わった価格
イ	運賃・保険料込の条件のことで、ＦＯＢに運賃・保険料が加わった価格
ウ	貿易における船積書類のひとつで、船会社など運送業者から交付される積荷の所有権を書面化した形の有価証券
エ	輸入者側の依頼によって、輸入者の取引銀行が発行し、輸入者側の支払いを保証する証書
オ	④通関手続き・商品の積込・輸送、⑤代金決済・商品の引き取り
カ	④代金決済・商品の引き取り、⑤商品の積込・輸送、納税申告
キ	為替レート変動による
ク	取引相手の信用や支払いの
ケ	チャネル政策や販促キャンペーンなど
コ	価格や商品構成、個別の商品デザイン、広告など

第56回ファッションビジネス知識[Ⅱ]

〈正解答〉

解答番号		解答	解答番号		解答	解答番号		解答
問 1	1	イ	問 8	36	ア	問15	71	ケ
	2	ウ		37	ケ		72	カ
	3	エ		38	オ		73	エ
	4	ア		39	ク		74	ア
	5	ウ		40	ウ		75	ク
問 2	6	ア	問 9	41	イ	問16	76	イ
	7	イ		42	ア		77	エ
	8	イ		43	ア		78	キ
	9	イ		44	イ		79	オ
	10	ア		45	ア		80	ケ
問 3	11	コ	問10	46	オ	問17	81	ウ
	12	ケ		47	ク		82	ウ
	13	カ		48	ア		83	ア
	14	イ		49	キ		84	イ
	15	キ		50	ウ		85	ウ
問 4	16	ア	問11	51	ア	問18	86	オ
	17	ア		52	ア		87	エ
	18	イ		53	イ		88	ア
	19	ウ		54	ア		89	ケ
	20	ア		55	イ		90	キ
問 5	21	ウ	問12	56	ウ	問19	91	イ
	22	イ		57	ウ		92	ア
	23	イ		58	イ		93	ア
	24	ア		59	イ		94	イ
	25	イ		60	ア		95	ア
問 6	26	ア	問13	61	ア	問20	96	カ
	27	ウ		62	ア		97	ク
	28	ア		63	ア		98	ウ
	29	イ		64	ウ		99	オ
	30	イ		65	イ		100	ケ
問 7	31	カ	問14	66	ウ			
	32	キ		67	イ			
	33	ウ		68	ア			
	34	ケ		69	イ			
	35	イ		70	ウ			

第56回ファッションビジネス知識[Ⅱ]

〈正解答〉

解答番号		解答	解答番号		解答
問21	101	キ	問28	136	キ
	102	イ		137	イ
	103	ケ		138	ウ
	104	ア		139	ケ
	105	オ		140	ク
問22	106	イ	問29	141	エ
	107	ア		142	ケ
	108	ウ		143	ア
	109	イ		144	キ
	110	ア		145	カ
問23	111	オ	問30	146	ウ
	112	コ		147	エ
	113	ウ		148	ケ
	114	ク		149	オ
	115	ケ		150	コ
問24	116	イ	問31	151	ア
	117	ウ		152	ウ
	118	ア		153	イ
	119	イ		154	イ
	120	ウ		155	ア
問25	121	ア	問32	156	ク
	122	ア		157	エ
	123	イ		158	オ
	124	ア		159	ケ
	125	ア		160	イ
問26	126	イ	問33	161	イ
	127	ア		162	ウ
	128	エ		163	イ
	129	イ		164	イ
	130	ウ		165	ア
問27	131	ア	問34	166	ケ
	132	イ		167	キ
	133	イ		168	エ
	134	ウ		169	オ
	135	イ		170	イ

第56回

ファッション造形知識［Ⅱ］

問１　下記ａ～ｅは、スタイルに関するイラストです。それぞれのイラストにあてはまる名称を語群〈ア～ク〉から選び、解答番号の記号をマークしなさい。

ア	バッスルスタイル	イ	ヒッピー	ウ	イブニングコート	エ	アイビー
オ	モッズ	カ	ニュールック	キ	モンドリアンルック	ク	クリノリン

問2　下記ａ～ｅは、デザイン史に関する文章です。［　　］の中にあてはまる言葉を語群〈ア～ク〉から選び、解答番号の記号をマークしなさい。（解答番号７は、同一の言葉を２回使用）

ａ．19世紀の産業革命後、職人による手作業を模倣した装飾過剰な製品が、機械によって大量生産される。それに対する危機感からウイリアム・モリスは、［ 6 ］運動の中心的人物となり、1861年総合室内装飾会社「モリス・マーシャル・フォークナー商会」を創設する。

ｂ．19世紀末から20世紀初頭にかけて、［ 7 ］が装飾様式として流行する。その特徴は、優美で流動的な曲線やしなやかな曲面であった。パリの地下鉄の入り口や集合住宅の設計で名高いギマール、ポスターのミュシャ、ガラス工芸や家具のデザインで名高いエミール・ガレなどが代表作である。

ｃ．ドイツの建築家ウォルター・グロピウスは、1919年ドイツのワイマールに創設した美術学校［ 8 ］を設立する。グロピウスは、機械時代における「芸術と美術の統一」を理念に掲げ、学校教育を通してその実践に努めた。

ｄ．1925年に「現代装飾・工業美術国際展」がパリで開催される。その名前に由来した［ 9 ］が装飾様式として流行する。［ 7 ］とは対照的に直線的、なおかつ連続的な波模様、基本形態の反復など幾何学的傾向が顕著であり、機械の時代を感じさせるものである。

ｅ．機能主義的で標準形態を展開したモダニズムの行き詰まりから、1970年代に入ると機能主義が不要なものとして切り捨ててきたものに注目し、人間性の回復を試みようとした［ 10 ］とよばれる新しい運動が、デザイナーや建築家によって展開される。

ア	キュビスム	イ	モダニズム	ウ	アールデコ	エ	アールヌーボー
オ	バウハウス	カ	アーツ・アンド・クラフト	キ	ポスト・モダン	ク	ミニマリズム

問3　下記は、ファッション小売店舗のスタイリング計画に関する文章です。［　　］にあてはまる言葉を、語群〈ア～コ〉から選び、解答番号の記号をマークしなさい。（解答番号11は、同一の言葉を2回使用）

小売店舗のマンスリースタイリング計画は下記のような手順を踏み、具体的にＶＰ・ＰＰが設定され、店頭で実施される。

①［ 11 ］の再確認

展開しようとしているシーズンスタイリングと、すでに設定されている自店の［ 11 ］との整合性を確認する。

↓

②［ 12 ］設定

シーズンを構成する月別のモチベーションに訴求する代表的着装場面を確認する。

↓

③ファッション設定

具体的にカラー、素材、［ 13 ］、テイストなどを組み合わせて、スタイリングストーリーを設定していく。

↓

④［ 14 ］セレクト

作成したマンスリースタイリング計画をベースに、仕入活動に当たる。

↓

⑤ＶＰ・ＰＰの設定

商品をＶＰ・ＰＰする際の、売場の場所、什器、ツールなどを決定し、アクセサリーや服飾雑貨も含めた具体的な［ 15 ］を設定する。

↓

⑥ＶＰ・ＰＰの実践

計画に沿って、実施・管理する。

ア	マーケティング	イ	シルエット	ウ	デザイン画	エ	プレイス
オ	商品	カ	ワードローブ	キ	コーディネーション	ク	ターゲット
ケ	オケージョン	コ	商品構成マップ				

問4　下記a・bは、VP、PP、IPに関する文章です。［　　］の中にあてはまるものを、それぞれの〈ア・イ〉から選び、解答番号の記号をマークしなさい。

a．スマートフォンの普及やSNSの発達により、ファッション販売においても消費形態や顧客との［ 16 ］（**ア**．タッチポイント　**イ**．ピンポイント）が多様化している。そのため詳細にカスタマージャーニーを分析することで、顧客の購買行動を［ 17 ］（**ア**．体系化　**イ**．可視化）する必要がある。

b．ファッション販売の世界でもEC拡大が続く中、リアル店舗においてはカスタマーエクスペリエンス、すなわち顧客の［ 18 ］（**ア**．満足　**イ**．体験）重視が求められている。VMDにおいても顧客の感性に訴える［ 19 ］（**ア**．IP　**イ**．VP）や顧客の理性に訴える［ 20 ］（**ア**．IP　**イ**．VP）などを駆使して、リアルならではの訴求に留意するべきである。

問5　下記a～eは、アパレル商品に関する問題です。それぞれの設問にあてはまる言葉を、それぞれの語群〈ア～ウ〉から選び、解答番号の記号をマークしなさい。

a．次のうち、スコットランドのシェトランド諸島で伝承されているセーターで、カラフルなジオメトリックパターンの横柄が特徴とされているセーターの名称を選びなさい。　21

ア．フェアアイルセーター

イ．チルデンセーター

ウ．アランセーター

b．次のうち、コンビネゾンに分類されるアイテムを選びなさい。　22

ア．ジャンプスーツ

イ．トレーニングウェア

ウ．テーラードスーツ

c．次のうち、横編機で身頃や袖を、形通りに編んだあと、これをリンキングして製品にする方式を選びなさい。　23

ア．ボンディングタイプ

イ．成形タイプ

ウ．カット&ソーンタイプ

d．次のうち、ルームウェアに分類されるアイテムを選びなさい。　24

ア．バスローブ

イ．マウンテンパーカー

ウ．スリップ

e．次のうち、トップスに分類されるアイテムを選びなさい。　25

ア．パラッツォ

イ．ニッカーズ

ウ．エベック

問6　下記a～eは、アパレル商品に関する文章です。[　　]にあてはまる言葉を、それぞれの〈ア～ウ〉から選び、解答番号の記号をマークしなさい。

a．レディスウェア、メンズウェアとも、フォーマルウェアには正礼装、[26]、略礼装の3つのドレスコードがある。

ア．次礼装

イ．準礼装

ウ．副礼装

b．メンズフォーマルウェアで、昼間の正礼装で着用するのは[27]である。

ア．タキシード

イ．ダークスーツ

ウ．モーニングコート

c．弔事用にとして着用される礼服は[28]と呼ばれる。

ア．ブラックフォーマル

イ．ニューフォーマル

ウ．セミフォーマル

d．子供服の中で3～5歳を[29]、6～9歳をキッズと呼ぶ。

ア．ジュニア

イ．ベビー

ウ．トドラー

e．下着（インナーウェア）の中で、主にボディラインを整え、理想のプロポーションに近づけるためのアイテムを[30]と呼ぶ。

ア．スリップ

イ．ニットインナー

ウ．ファンデーション

問7　下記a～eは、プリーツの名称です。それぞれの名称にあてはまるイラストを、〈ア～ケ〉から選び、解答番号の記号をマークしなさい。

a．ボックス　31
b．クリスタル　32
c．アコーディオン　33
d．ソフトプリーツ　34
e．インバーテッド　35

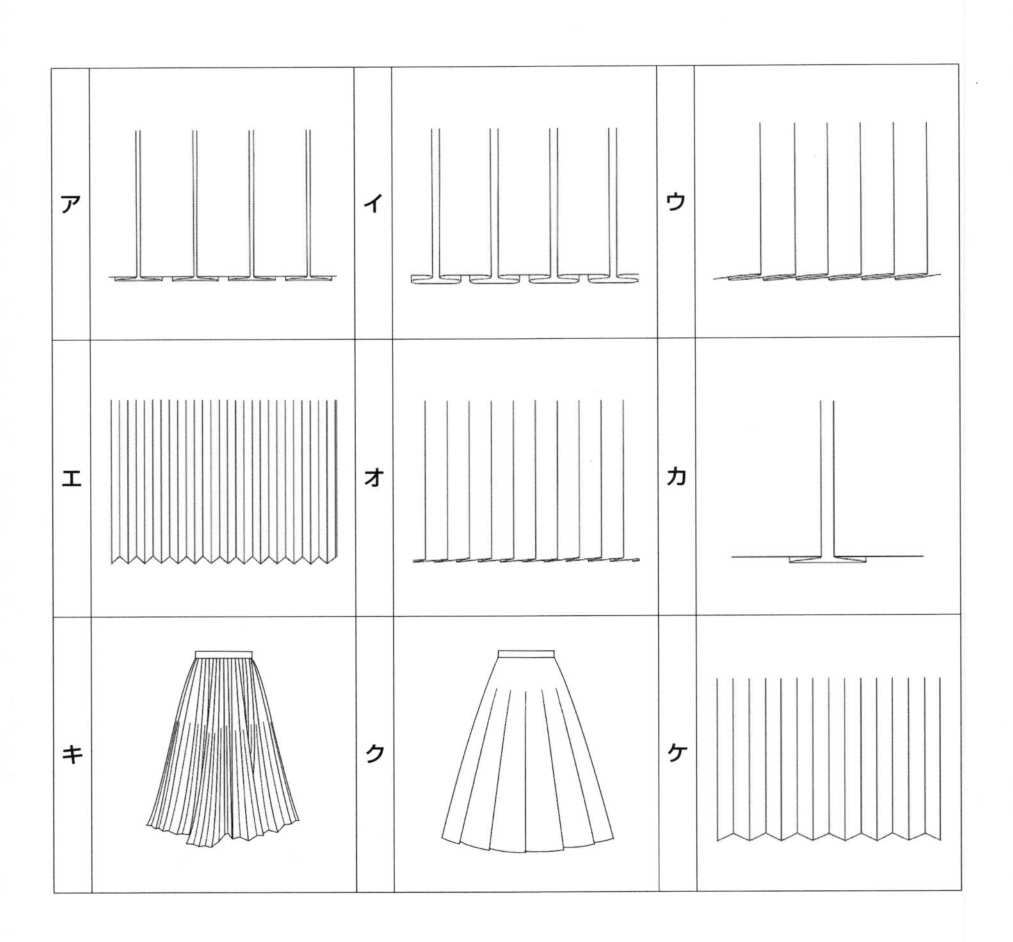

問8　下記のa～eは、バッグ・かばんのイラストです。それぞれのイラストにあてはまる名称を、語群〈ア～コ〉から選び、解答番号の記号をマークしなさい。

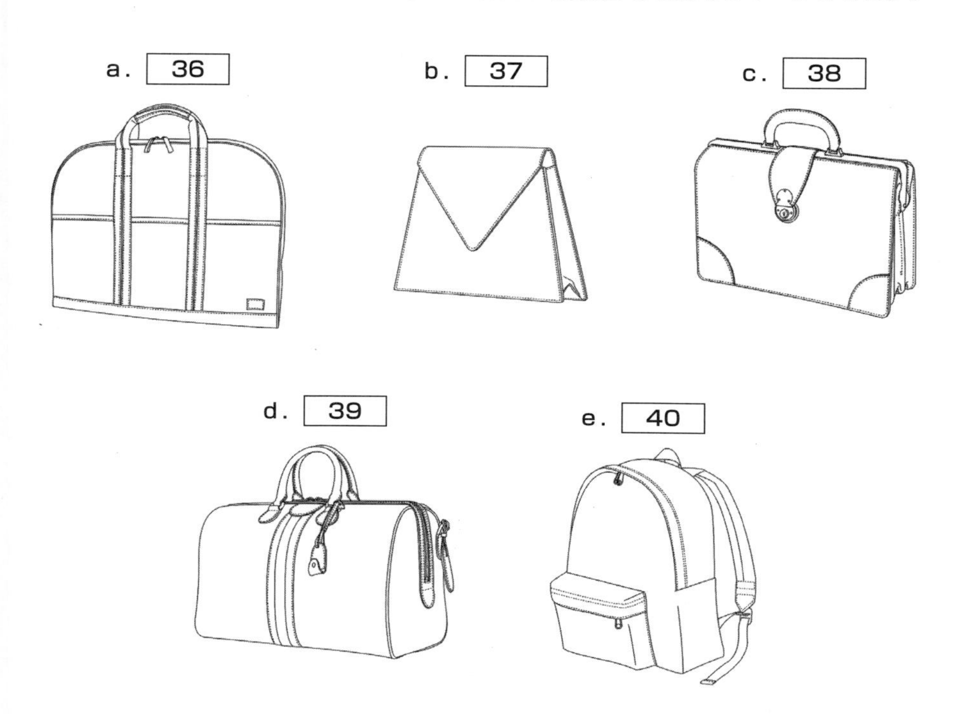

ア	ブリーフケース	イ	アタッシュケース	ウ	ガーメントケース	エ	ダレスバッグ
オ	ボストンバッグ	カ	デイパック	キ	トートバッグ	ク	クラッチバッグ
ケ	ケリーバッグ	コ	ポシェット				

問9　下記a～eは、品質、サイズの専門知識に関する文章です。正しいものには、解答番号の記号アを、誤っているものには、記号イをマークしなさい。

a．日本産業規格（ＪＩＳ規格）に基づくサイズ表示には、「成人女子用衣料」、「成人男子用衣料」、「少女用衣料」、「少年用衣料」、「靴下類」、「手袋」の６つのＪＩＳ規格がある。
41

b．世界の産業規格にあわせるため、2016年12月１日より衣類等の組成表示が改訂された。
42

c．フィット性を求められるスーツやジャケットは、対応するバスト・ウエスト・ヒップの寸法と身長の表示をする「体型区分表示」が使用される。
43

d．成人女子の標準サイズとされる「９ＡＲ」の「Ｒ」は身長が158cmを示す。「Ｐ」は150cm、「ＰＰ」は142cm、「Ｔ」は166cmと８cmのピッチで変化する。
44

e．原産国表示では、他国で製造した古着を、国内の業者で補正した場合は、「日本製」と表示できる。
45

問10　下記a～eは、ファッション素材に関する問題です。それぞれの設問にあてはまる解答を、それぞれの〈ア～ウ〉から選び、解答番号の記号をマークしなさい。

a.「テキスタイル企画」に該当する言葉を選びなさい。　46

ア. ファッションテック

イ. テクスチャー

ウ. ファブリケーション

b. 最も伸縮性がある繊維を選びなさい。　47

ア. スパンレーヨン

イ. スパンデックス

ウ. スパンツイード

c. アパレル綿製品に最も多く用いられているものを選びなさい。　48

ア. 短繊維綿

イ. 中繊維綿

ウ. 長繊維綿

d. 薄地織物リネンの原料を選びなさい。　49

ア. 亜麻繊維

イ. 苧麻繊維

ウ. 黄麻繊維

e. 素材に関する専門用語と読み方の組合せで誤っているものを選びなさい。　50

ア. 正絹＝しょうけん

イ. 捺染＝なっせん

ウ. 反毛＝たんもう

問11　下記a～eは、織物に関する文章です。［　　］の中にあてはまるものを、それぞれの〈ア～ウ〉から選び、解答番号の記号をマークしなさい。

a．カルゼ、キャンバス、かつらぎ、シャンブレー、羽二重のうち、［ 51 ］の2つが斜文織物である。

ア． カルゼとかつらぎ

イ． キャンバスとシャンブレー

ウ． かつらぎと羽二重

b．コーデュロイは「けば」が縦方向に畝になった［ 52 ］織物である。

ア． コード

イ． パイル

ウ． クレープ

c．代表的な綾織物の一つ［ 53 ］と「セル」は本来同じ言葉である。

ア． ギャバジン

イ． ジョーゼット

ウ． サージ

d．［ 54 ］は繻子の意で、繻子（朱子）織りの織物である。

ア． サテン

イ． シャンタン

ウ． ゴブラン

e．太番手の綿織物［ 55 ］は「金巾」から派生した。

ア． チノクロス

イ． シーチング

ウ． デニム

問12　下記a～eは、副資材に関する文章です。[　　] の中にあてはまる言葉を、語群〈ア～コ〉から選び、解答番号の記号をマークしなさい。

a．裏地は、表地の [56] を安定させ、インナーウェアなどとの接触をなめらかにし、表地と裏地との間の温度や湿度を保つなどの機能を持っている。

b．接着芯地の性能としては、[57] や保型性、寸法安定性などのほか、必要な部分の補強や張りを与えることがあげられる。

c．ファスナーの種類は、金属ファスナーと樹脂ファスナーに分類される。ファスナーの開閉部分をスライダーといい、務歯（むし）の部分を [58] という。

d．ミシン糸は、製造工程の違いにより、分類される。[59] 糸は、繊維長が1000m連続しているため、紡績の必要がない。

e．繊維製品には、品質表示法に基づいて [60] を製品の内部に取り付けることが義務づけられている。

ア	スパン	イ	伸縮性	ウ	エレメント	エ	風合い	オ	成形性
カ	ジッパー	キ	フィラメント	ク	ケアラベル	ケ	シルエット	コ	タグ

問13　下表は、アパレル企業の業務プロセスとデザイナー業務を一覧化したものです。［　　］の中にあてはまるものを、文章群〈ア～ク〉から選び、解答番号の記号をマークしなさい。

業務プロセス	主なデザイナー業務
ブランドコンセプトの確認と再構築の段階	・［61］ ブランドのデザインコンセプトの確認など
シーズンコンセプトの設定の段階	・［62］ ・シーズンの基本的なスタイリングとシーズン基本デザインの作成など
デザインと商品構成の立案の段階	・［63］ ・パターンメーキングの指示、パターンチェックなど
上代決定と生産の大枠決定の段階	・サンプルメーキングの指示、サンプルチェック ・［64］と上代決定
展示会	・ＭＤ、営業をサポート
最終生産数量・納期の決定の段階	・製品のデザイン上のチェックなど
店頭販売の段階	・店頭ディスプレイイメージなどの提案 ・［65］とそれに伴うパターンメーキングの指示など

ア	素材構成表の作成	イ	原価表の作成	ウ	ＶＰ・ＰＰする際のツール手配
エ	広告モデルのキャスティング	オ	期中企画商品のデザイン	カ	シーズンイメージの決定
キ	生産の進捗管理	ク	ターゲット顧客層の確認		

問14　下記ａ～ｅは、ファブリケーションの柄模様の種類に関する文章です。［　　］の中にあてはまる言葉を、語群〈ア～コ〉から選び、解答番号の記号をマークしなさい。

ａ．たて・よこ同色、同本数の多色使いの格子柄が特徴である［ 66 ］は、スコットランドの高原地方で特殊な礼服に用いられていた色格子柄である。

ｂ．織り目がニシンの骨のように見えることからヘリンボーンストライプの名があるこの織物は、日本名で［ 67 ］といわれる織物で、柄の名であると共に織物名にもなっている。

ｃ．［ 68 ］は、格子模様の一種で、２色の正方形または長方形を交互に配した模様。古くから服飾品をはじめ工芸品や建築で応用され、もともとは石畳と称したが、江戸中期に歌舞伎役者が舞台衣裳の袴の模様に用いて以来、歌舞伎役者の名前が付いた。

ｄ．カシミール地方の松かさの模様で、日本では勾玉の模様ともいわれる［ 69 ］は、曲線で描かれた細密で多彩な柄が特徴である。

ｅ．［ 70 ］は、幾何学的な直線や曲線の様々な組み合わせによる文様で、単調ではあるが、整然とした構成が、明快さを好む現代人の感覚にふさわしく、プリント柄としてよく用いられる。

ア	ジオメトリック	イ	杉綾	ウ	アラベスク	エ	ギミック柄
オ	千鳥格子	カ	オンブレチェック	キ	市松模様	ク	タータンチェック
ケ	ロゼッタ模様	コ	ペーズリー柄				

問15　下記a～eは、ファッションビジネスにおけるカラー実務で使われる用語とその説明文です。[　　　]の中にあてはまる言葉を、語群〈ア～コ〉から選び、解答番号の記号をマークしなさい。

a．[71]カラー：ベースカラーに組み合わせる色。

b．[72]配色：色相環上で180度の関係にある２色配色。

c．トーン・[73]・トーン配色：同系色濃淡と言われる配色で、同一（または類似）色相で統一を図り、トーンで変化をつける配色。

d．[74]：光源が発する光の色を表すための尺度のこと。単位はケルビン（K）で表す。

e．[75]：ある光源の色が、物体色の見え方に影響を与える効果。

ア	色温度	イ	照度	ウ	イン	エ	オン	オ	色彩調和
カ	演色性	キ	補色	ク	混色	ケ	アクセント	コ	アソート

問16　下記a～eは、デザインとＣＧに関する文章です。それぞれの設問に該当する解答を、それぞれの語群〈ア～ウ〉から選び、解答番号の記号をマークしなさい。

ａ．ＣＧに関する内容で当てはまらない文章を選びなさい。　76

ア．ＤＭなどの紙媒体に活用される。

イ．３Ｄでは活用されない。

ウ．新規商業施設などのイメージデザインに活用される。

ｂ．「デバイスのレンズを通すことで、実際にはないものを現実世界に付加してみせる技術」を選びなさい。　77

ア．ＶＲ

イ．ＤＲ

ウ．ＡＲ

ｃ．プロッターを使ってカッティングしたパターンを作成するのに使うものを選びなさい。　78

ア．ＣＲＭ

イ．ＣＡＤ

ウ．ＣＡＭ

ｄ．タイポグラフィについて合っている文章を選びなさい。　79

ア．可視性は求めるが、可読性は求めない。

イ．明朝体は、可視性が高く、遠くからでも認識されやすい。

ウ．左右非対称に配置されたデザインは、不安定で動的なダイナミックな印象を与える。

ｅ．３Ｄシミュレーションのメリットとして当てはまらないことを選びなさい。　80

ア．生産時間とコストを省くことができる。

イ．触り心地がわかる。

ウ．情報共有が早く行える。

問17　下記ａ～ｅは、パターンメーカーの実務に関する問題です。それぞれの設問にあてはまる言葉を、それぞれの語群〈ア～ウ〉から選び、解答番号の記号をマークしなさい。

ａ．日本のアパレル企業で使用されている主な工業用ボディの商品名を選びなさい。　81

ア．フルレングス

イ．キプリス

ウ．ヌードボディ

ｂ．デザイン画に基づいて作成するパターンを選びなさい。　82

ア．ファーストパターン

イ．生産用パターン

ウ．パーツパターン

ｃ．工業用ボディには、日常生活で行われる動作に必要なゆるみが含まれる。腰囲(ヒップ)に入っている標準的な寸法を選びなさい。　83

ア．1㎝

イ．3㎝

ウ．5㎝

ｄ．既製服のパターンメーキングとして新しいデザインのパターンを作成する際に活用されるものを選びなさい。　84

ア．顧客の寸法

イ．実売客の体型

ウ．以前に使用した有り型

ｅ．既製服のパターンメーキングは、企業、［　　　］ごとに、基本とする体型、サイズ、シルエットを表現した基本原型の作成にはじまる。［　　　］にあてはまる言葉を選びなさい。　85

ア．ブランド

イ．シーズン企画

ウ．店舗

問18　下記a～eは、補正の知識に関する文章です。[　　]の中にあてはまる言葉を、語群〈ア～コ〉から選び、解答番号の記号をマークしなさい。

a．基本的には、丈を短くしたり、寸法を小さくしたりする作業は、ほとんどの場合可能である。一般的に、スカート丈の長さを短くすることを、「丈[86]」という。

b．小売店における補正（お直し）は完成した商品を顧客のリクエストに応じて手直しする作業なので、ファッションアドバイザーは、お直しによる柄行き、シルエットやデザインの[87]のくずれなどを即座に判断し、アドバイスしなければならない。

c．ジャケットの袖丈を長くすることを依頼された場合、袖口の[88]を確認して対応しなければならない。

d．オーダースーツの場合、一般的に価格はパターンオーダーより[89]のほうが高くなる。

e．一般的に高価格商品の縫い代幅は[90]。ただし、高価格商品であってもシルエットに応じて仕立て方が異なるため、必ずしも価格と縫い代幅が比例するとは限らない。

ア	つめ	イ	上げ	ウ	イージーオーダー	エ	広い
オ	ビルドトゥオーダー	カ	リズム	キ	狭い	ク	バランス
ケ	幅	コ	縫い代				

問19　下記a～dは、アパレル生産工程の知識に関する文章です。［　　］の中にあてはまる言葉を、語群〈ア～コ〉から選び、解答番号の記号をマークしなさい。

a．縫製工場で生産された商品は縫製上の欠陥や素材の傷、汚れ、さらにミシン針などの金属の混入の有無などを含めた［ 91 ］が行われた後に出荷される。

b．アパレル生産の基本的な工程は、アパレル企業の商品企画にはじまり、縫製工場、流通を経て、小売企業へ納品となるが、小売企業出身の［ 92 ］業態の場合は、小売企業の企画部門から縫製企業、小売企業の物流部門や小売企業の［ 93 ］部門という流れになる。

c．縫製工程では、量産の前に最終的なサンプルチェックを行って本番の縫製に入るが、素材の品質上の問題点や、パターン形状と素材特性、縫製機器の種類と［ 94 ］などが適切かどうかを十分検討した上で量産に入ることで、量産時の縫製不良の発生を防止している。

d．毛織物、ベルベット、毛皮などの素材に毛足がある場合、表面の毛足の並び具合で「なで毛」「逆毛」と表現される。一般的に毛織物は毛が［ 95 ］に流れているなで毛の方向、ベルベットは逆毛の方向が美しいとされているので、マーキングと裁断を行う際は素材の上下をよく見比べて美しい方向を選ぶ。

ア	ＳＰＡ	イ	納品	ウ	検品	エ	ＯＥＭ	オ	下向き
カ	販売	キ	上向き	ク	情報収集	ケ	営業	コ	縫製方法

問20　下記ａ～ｅは、アパレル企画・生産のＩＴ化とＣＡＤ・ＣＡＭに関する文章です。［　　］の中にあてはまる言葉を、それぞれの語群〈ア～ウ〉から選び、解答番号の記号をマークしなさい。

ａ．［ 96 ］は、コストの計算上、重要な要素である素材の用尺を決定するだけでなく、裁断時の地の目や柄合わせなどを正確に行うために不可欠な技術であり、ＣＡＤを使用して生地幅に合わせてパターンの配置を効率よく行うことができる。

ｂ．アパレルＣＡＤによる［ 97 ］には、端点の移動方向と距離を一覧にまとめて一定のルールによって展開する方法と、画面上のパターンに幅出し線・丈出し線を引き、各線で拡大・縮小する数値を入力する切り開き方式がある。

ｃ．ＣＡＤで作成したデータを自動裁断機に入力し、素材をセットすると自動的に延反・裁断が行われる。裁断には、［ 98 ］で素材を切り取る方法と金属製の縦型カッターを上下させて裁断する方法とがある。

ｄ．アパレルＣＡＤを使用して行う［ 99 ］メーキングは、画面上で縫い代を付け、必要な記号・名称などを書き込んだパターンであり、外周線と地の目線、外周線上の合い印の位置がわかれば裁断が可能である。

ｅ．アパレル機器には、縫製だけでなく、コンピュータを使用して作成した柄を生地にインクジェット方式で［ 100 ］し、プリントできるデジタルプリンターがある。

96の語群	ア	マーキング	イ	ドラフティング	ウ	カッティング
97の語群	ア	カービング	イ	パターンメーキング	ウ	グレーディング
98の語群	ア	水	イ	レーザー	ウ	ヒートカッター
99の語群	ア	サンプルパターン	イ	工業用パターン	ウ	ファーストパターン
100の語群	ア	捺染	イ	抜染	ウ	防染

第56回ファッション造形知識［Ⅱ］

〈正解答〉

解答番号		解答	解答番号		解答	解答番号		解答
問 1	1	ア	問 8	36	ウ	問15	71	コ
	2	カ		37	ク		72	キ
	3	キ		38	エ		73	エ
	4	イ		39	オ		74	ア
	5	オ		40	カ		75	カ
問 2	6	カ	問 9	41	イ	問16	76	イ
	7	エ		42	イ		77	ウ
	8	オ		43	ア		78	イ
	9	ウ		44	ア		79	ウ
	10	キ		45	イ		80	イ
問 3	11	ク	問10	46	ウ	問17	81	イ
	12	ケ		47	イ		82	ア
	13	イ		48	イ		83	イ
	14	オ		49	ア		84	ウ
	15	キ		50	ウ		85	ア
問 4	16	ア	問11	51	ア	問18	86	ア
	17	イ		52	イ		87	ク
	18	イ		53	ウ		88	コ
	19	イ		54	ア		89	ウ
	20	ア		55	イ		90	エ
問 5	21	ア	問12	56	ケ	問19	91	ウ
	22	ア		57	オ		92	ア
	23	イ		58	ウ		93	カ
	24	ア		59	キ		94	コ
	25	ウ		60	ク		95	オ
問 6	26	イ	問13	61	ク	問20	96	ア
	27	ウ		62	カ		97	ウ
	28	ア		63	ア		98	イ
	29	ウ		64	イ		99	イ
	30	ウ		65	オ		100	ア
問 7	31	ア	問14	66	ク			
	32	エ		67	イ			
	33	ケ		68	キ			
	34	イ		69	コ			
	35	カ		70	ア			

第57回

ファッションビジネス知識［Ⅱ］

問１　下記は、ファッションアパレル企業の事業特性の図です。［　　］の中にあてはまる言葉を、語群〈ア～コ〉から選び、解答番号の記号をマークしなさい。

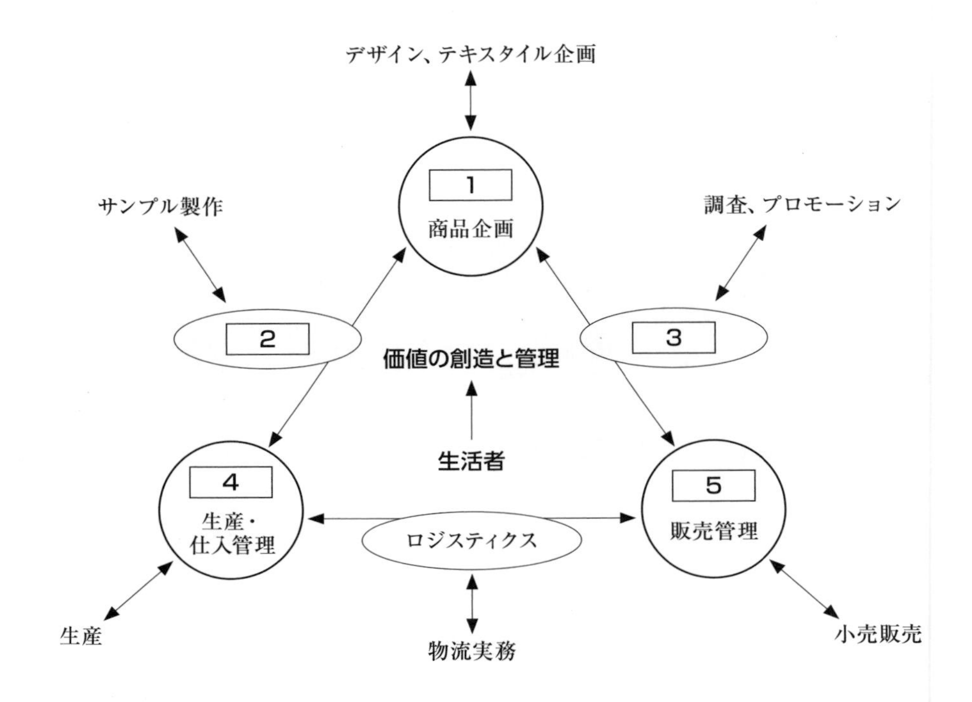

ア	財	イ	コンビネーション	ウ	工	エ	リスク
オ	商	カ	スタイリング	キ	コミュニケーション	ク	創
ケ	モデリング	コ	コンシューマー				

問2　下記a～eは、繊維ファッション産業の歴史に関する文章です。正しいものには解答番号の記号アを、誤っているものには記号イをマークしなさい。

a．19世紀には、エドモンド・カートライトにより力織機が発明されて、イギリスのコンバーターが世界中に綿布を輸出するようになった。　6

b．1960年以前の日本のファッションビジネスは特定の顧客を対象としたオートクチュールやテーラーが担っていた。　7

c．1960年代には、日本のファッションビジネスは2極化し、消費者が自ら商品・ブランド・店舗を自由に選択するという一人十色の時代となった。　8

d．1990年代のオイルショック後のファッションは、より個性化が進み、ＤＣアパレル企業などが出てきた。　9

e．2000年代には、セレクトショップのＰＢ商品の開発などが増えていった。　10

問３　下記のａ～ｅは、近年のファッションビジネス動向に関する文章です。それぞれの文章に当てはまる言葉を、語群〈ア～コ〉から選び、解答番号の記号をマークしなさい。

ａ．ファッション企業の中でも多く取り入れられている、国際的な共通意識として国連が掲げている目標。　11

ｂ．2000年頃から経済産業省により行われている３Ｒ政策に加えて、企業独自のＲを増やしている例で、再生製品の使用を心がけること。　12

ｃ．スニーカーやドレスなど、ファッション業界でも活用され始めてきているブロックチェーン技術を用いてつくられたコピーや改ざんができないデジタルデータのこと。
13

ｄ．月間や年間などの一定期間内に金銭的契約を行い、商品を借りたりサービスを受けたりすることができるシステム。　14

ｅ．ファッションアイテムを所有しないで借りたり、または自分が持っているアイテムを人に貸したりする活動。　15

ア	ＦＴＰ	イ	サブスクリプション	ウ	ミニマリズム
エ	RECYCLE	オ	コンストラクション	カ	シェアリング
キ	REGENERATION	ク	SDGs17の目標	ケ	SDGs27の目標
コ	ＮＦＴ				

問4　下記a～eは、ファッション生活・ファッション市場・ファッション消費で使われる用語とその説明文です。[　　]の中にあてはまる言葉を、語群〈ア～コ〉から選び、解答番号の記号をマークしなさい。（解答番号17は同一の言葉を2回使用）

a．[16]：男女の社会的な差が取り払われていること。

b．[17]：エベレット・M・ロジャーズが提唱した[17]理論において、新商品が出ると、進んで採用する人々の層。

c．クリック＆[18]：ECサイトで商品を購入し、リアル店舗や宅配ボックスなどの自宅以外の場所で商品を受け取る仕組み。

d．[19]：持続可能であるさま。特に、地球環境を保全しつつ持続が可能な産業や開発などについていう。

e．コストパフォーマンス：費用対[20]の意味で、消費面では、消費者の購買にかかる費用に対する、商品の品質やサービス等の内容の充実度をさす。

ア	コレクト	イ	モルタル	ウ	ジェンダーレス
エ	エイジレス	オ	サステナブル	カ	サブスクリプション
キ	イノベーター	ク	アーリーマジョリティ	ケ	効果
コ	宣伝行為				

問5　下記のa～eは、世界のアパレル産業に関する文章です。[　　　]の中にあてはまる言葉を、それぞれの語群〈ア～ウ〉から選び、解答番号の記号をマークしなさい。

a．輸入総代理店契約は結んでいなくても、[21]は海外のアパレルメーカーの商品を輸入することができる。

b．スペインやスウェーデンではグローバルに展開する[22]が生まれた。

c．[23]ビジネスに代表される大量生産・大量消費の仕組みをファッション業界に持ち込んだのは、アメリカのアパレル産業である。

d．世界の３大コングロマリットには、ＬＶＭＨ、リシュモン、[24]がある。

e．19世紀に半ばにオートクチュールが生まれた[25]では、いまだにデザイナーの発表の場としての優位性をもっている。

21の語群	ア	エクスポーター	イ	トランスポーター	ウ	インポーター
22の語群	ア	ＥＣ	イ	DtoC	ウ	ＳＰＡ
23の語群	ア	ネクタイ	イ	スーツ	ウ	ジーンズ
24の語群	ア	ピノー	イ	ＰＰＲ	ウ	ケリング
25の語群	ア	イタリア	イ	イギリス	ウ	フランス

問6　下記a～dは、繊維産業に関する文章です。[ ]の中にあてはまる言葉を、それぞれの語群〈ア～ウ〉から選び、解答番号の記号をマークしなさい。

a．アパレル用の羊毛はオーストラリアと[26]が世界的な産地である。

b．特殊糸として、意匠撚糸（[27]）、[28]（テクスチャードヤーン）などがある。

c．伝統的な柄で知られる綿織物のインドネシアの[29]などがある。

d．織布メーカー、生地メーカーのことを機屋というが、この読み方は「[30]」である。

26の語群	ア	中国	イ	ニュージーランド	ウ	インド
27の語群	ア	スペックヤーン	イ	ファンシーヤーン	ウ	フィックスヤーン
28の語群	ア	紡績撚糸	イ	加工糸	ウ	昇華撚糸
29の語群	ア	バティック	イ	アオザイ	ウ	トルファン
30の語群	ア	はたや	イ	きおく	ウ	きや

問7　下記ａ～ｅは、小売業とＳＣに関する文章です。［　　］の中にあてはまる言葉を、語群〈ア～コ〉から選び、解答番号の記号をマークしなさい。

ａ．ある一定期間、集客力のあるショッピングセンターなどのスペースを借りて出店する期間限定店舗を［ 31 ］ストアという。

ｂ．セレオリを展開しているショップは、［ 32 ］商品とオリジナル商品の両方を品揃えしている。

ｃ．ショッピングセンターのうち、スペシャルティセンターには核テナントが［ 33 ］。

ｄ．［ 34 ］の原意は、消費者が快適にショッピングを楽しめるようにした、歩行者専用通路のことであり、ショッピングセンターでは主に中央の歩道をさすことが多い。

ｅ．物販のＢtoＣ－ＥＣ市場規模は、百貨店の市場規模よりも［ 35 ］。

ア	仕入	イ	ＰＢ	ウ	パティオ	エ	モール
オ	ショールーム	カ	ポップアップ	キ	ある	ク	ない
ケ	大きい	コ	小さい				

問8　下記a～eは、日本の繊維産業、服飾雑貨産業、ファッション関連機関に関する問題です。それぞれの設問に該当する解答をそれぞれの〈ア～ウ〉から選び、解答番号の記号をマークしなさい。

a．次の履物のうち、繊維産業に属するものを選びなさい。　36

ア．メンズ革靴

イ．スリッパ

ウ．ケミカルシューズ

b．次のうち、綿織物を最も多く生産している産地を選びなさい。　37

ア．遠州

イ．尾州

ウ．甲州

c．袋物製造業が製造しているものを選びなさい。　38

ア．キャリーケース

イ．ショッピングバッグ

ウ．ハンドバッグ

d．次の言葉の組み合わせのうち、同義語でないものを選びなさい。　39

ア．服飾雑貨　―　ファッショングッズ

イ．ホームファニシング産業　―　ホームファッション産業

ウ．タンナー　―　資材メーカー

e．次のファッション関連産業のうち、厚生労働省が主務官庁となっている産業を選びなさい。　40

ア．販売員派遣会社

イ．運輸・宅配産業

ウ．ＰＲ会社

問9　下記a～cは、企業環境の分析方法に関する文章です。［　　］の中にあてはまる言葉を、それぞれの語群〈ア～ウ〉から選び、解答番号の記号をマークしなさい。

a．競合店に客を装って出向き、実際の買い物を行う過程で接客レベルやクレーム処理などの内容をリサーチすることを［ 41 ］という。

b．市場機会の分析をする際の重要なファクターである3Cとは、消費者、［ 42 ］、企業の3つの英語表記である、customer、［ 43 ］、companyの頭文字を取ったものである。

c．SWOT分析とは、［ 44 ］（［ 45 ］）、弱み（weakness）、機会（opportunity）、脅威（threat）のことである。

41の語群	ア	シークレットショッパー	イ	ミステリーショッパー	ウ	ブラインドショッパー
42の語群	ア	協力者	イ	競合者	ウ	調整者
43の語群	ア	competitor	イ	coordinator	ウ	cooperator
44の語群	ア	公正	イ	強み	ウ	独自性
45の語群	ア	strangeness	イ	straight	ウ	strength

問10　下記a～eは、ファッション企業のマーケティングに関する問題です。それぞれの設問に該当する解答をそれぞれの〈ア～ウ〉から選び、解答番号の記号をマークしなさい。

a．ビジネスモデルという用語の説明文を選びなさい。　46

ア．企業が売上や収益を上げるための、事業の構造や仕組み。

イ．ブランドの持っている、信頼感や知名度など無形の価値を企業資産として評価したもの。

ウ．企業の業務活動を根本から考え直し、根本的革新を行う経営手法。

b．ＳＷＯＴ分析における、内部環境の分析に該当するものを選びなさい。　47

ア．ＳとＷ

イ．ＷとＯ

ウ．ＯとＴ

c．ファッション企業のマーケティングの特徴に該当する文章を選びなさい。　48

ア．「コト」消費から「モノ」消費へと移行する現在、ファッション企業は少品種大量生産を行うことを基本としている。

イ．消費者が購買した結果である売れ筋商品を模倣するために、デザインクリエーションが行われる。

ウ．ファッション価値は心理的な満足であるため、消費者が求める価値は多様である。

d．商品戦略上、店頭の状況に応じた期中企画と短サイクル生産の比率が、相対的に高いと思われる業態を選びなさい。　49

ア．デザイナーズブランドのプレステージライン

イ．ファストファッション・ブランド

ウ．セレクトショップ

e．ファッションブランドのターゲットには、イメージターゲットとリアルターゲットがある。次のうち、誤っていると思われる文章を選びなさい。　50

ア．イメージターゲットとは、企業が「こういった人に、こういったシーンで、こういう風に着てもらいたい」と想定する消費者である。

イ．イメージターゲットは、リアルターゲットの消費活動に影響を与える。

ウ．イメージターゲットは、リアルターゲットよりも人口が多い。

問11　下記は、小売業のマーケティングに関する文章です。［　　］の中にあてはまる用語を、語群（ア～コ）から選び、解答番号の記号をマークしなさい。

a．近年、ファッション販売においてもＥＣ（＝［ 51 ］・コマース）化率が上昇傾向にある。他方、実店舗の業績は外出自粛の影響もあり低迷傾向にあるが、だからといって実店舗が消滅するわけもない。これからの実店舗には、訪れた顧客に対して素晴らしいＵＸ（＝ユーザー・［ 52 ］）の提供が求められる。

b．廃棄物を出さない新たな経済システム、循環型経済（＝［ 53 ］・エコノミー）の台頭により、ファッションの世界においても「商品を買う」以外に、一定期間利用できる権利に対して料金を支払う［ 54 ］・サービスやフリマアプリを介して所有物を個人間で取引する［ 55 ］・エコノミーなどの選択肢が増えている。

ア	サーバント	イ	エクスクルーシブ	ウ	サーキュラー
エ	エクスペリエンス	オ	コンシェルジュ	カ	シェアリング
キ	サブスクリプション	ク	エレクトロニック	ケ	ブロック
コ	エレクトリック				

問12　下記ａ～ｅは、インターネットとマーケティングに関する文章です。それぞれの文章に当てはまる言葉を、それぞれの語群〈ア～ウ〉から選び、解答番号の記号をマークしなさい。

ａ．キャッシュレス対応の中で、後払い方式。 56

ｂ．ＩＴを駆使して、ターゲット消費者となる個人と直接コミュニケートして反応を獲得しながら関係性を構築しようとするマーケティング手法。 57

ｃ．ＰＰＣ広告に含まれない広告。 58

ｄ．消費者購買モデルの１つであるＡＩＳＡＳのＩ。 59

ｅ．消費者購買モデルの１つであるＡＩＳＡＳの２つ目のＳ。 60

56の語群	ア	アフターペイ	イ	ポストペイ	ウ	プリペイド
57の語群	ア	ダイレクトマーケティング	イ	プライベートマーケティング	ウ	ステルスマーケティング
58の語群	ア	リスティング広告	イ	ＳＮＳ広告	ウ	ＴＶＣＭ
59の語群	ア	Interest	イ	Ignore	ウ	Inform
60の語群	ア	search	イ	seek	ウ	share

問13　下記a～eは、アパレルマーチャンダイジングに関する問題です。次の「アパレル商品企画業務フロー」を見て、それぞれの設問に該当する解答をそれぞれの〈ア～ウ〉から選び、解答番号の記号をマークしなさい。

〈アパレル商品企画業務フロー〉

①ブランドコンセプトの確認と再構築
　├ 結果情報の収集・分析
　└ ファッション予測
②シーズンコンセプトの設定
　├ [A]
　└ ファブリケーション
③ [A] と商品構成の決定
　├ パターンメーキング
　└ サンプルメーキング
④上代決定、 [B] ・納期の決定
　├ 生産発注と進捗管理
　└ 商品の配分と店頭納品
⑤店頭販売、期中企画・期中生産

a． [A] にあてはまる言葉を選びなさい。([A] は同一の言葉を2回使用。)　61

ア．トレンド
イ．デザイン
ウ．ディストリビューション

b． [B] にあてはまる言葉を選びなさい。　62

ア．生産数量
イ．アイテム構成
ウ．図案

c．この「アパレル商品企画業務フロー」に該当するアパレル業態を選びなさい。　63

ア．ＯＥＭ型アパレル企業
イ．ＳＰＡ型アパレル企業
ウ．卸販売を中心とするアパレル企業

d．③の行にある「商品構成」において、スーツの構成比率が最も高いと思われるブランドを選びなさい。　64

ア．プライベート・オケージョンを想定したブランド
イ．ソーシャル・オケージョンを想定したブランド
ウ．オフィシャル・オケージョンを想定したブランド

e．⑤の行にある「期中企画・期中生産」に最もふさわしいと思われる商品を選びなさい。　65

ア．短サイクルトレンド商品
イ．シーズン提案商品
ウ．ベーシック商品

問14　下記ａ～ｅは、リテールマーチャンダイジングとバイイングに関する文章です。[　　　]の中にあてはまるものを、それぞれの（ア～ウ）から選び、解答番号の記号をマークしなさい。

ａ．マーチャンダイジングは、品揃え計画、[66]計画などと訳されている。

ア． 商品訴求

イ． 商品管理

ウ． 商品化

ｂ．ＳＰＡ企業では、生産したマーチャンダイズを[67]が各店に分配する。

ア． ディベロッパー

イ． ディストリビューター

ウ． セールスレップ

ｃ．インポートショップのバイヤーは、外国為替相場の変動にも注視を要する。例えば１ドル110円が100円に下がった場合を[68]という。

ア． 円高

イ． 円売

ウ． 円安

ｄ．いわゆる[69]は、リアル店舗と異なるＥＣ特有の売れ方を形容したものである。

ア． ロングテール現象

イ． パレートの法則

ウ． バンドワゴン効果

ｅ．ＳＣ内のブティックで、売上仕入条件で売場展開されているアパレル卸売企業の商品の所有権は[70]側にある。

ア． ＳＣ

イ． ブティック

ウ． アパレル卸売企業

問15　下記a・bは、商品構成とＶＭＤに関する文章です。［　　］の中にあてはまるものを、語群（ア～ク）から選び、解答番号の記号をマークしなさい。

a．ファッションショップの商品計画は基本的に春・夏・秋・冬の４シーズンに分けて立案されるが、例えば秋期の前に［ 71 ］期、冬期の後に［ 72 ］期を組み込むといった具合に、細分化した営業期を設定する場合が多い。なおファッション専門店における営業期の数はファッション性が高いショップほど［ 73 ］なる傾向がある。

b．ファッションショップの日々のＶＭＤにおけるＶＰおよび［ 74 ］では、長らく梅雨寒が続くようであれば［ 75 ］期のディスプレイを控えめにするといった具合に、キメ細かい対応も必要となる。

ア	盛夏	イ	少なく	ウ	晩夏	エ	ＰＰ
オ	多く	カ	ＩＰ	キ	初夏	ク	梅春

問16　下記ａ～ｅは、アパレルメーカーのマーチャンダイジングと価格計画・原価計画に関する問題です。それぞれの設問に該当する解答を、数値群〈ア～コ〉から選び、解答番号の記号をマークしなさい。（価格は消費税を含まない）。

ａ．今秋物展示会では、上代で10億円の予算を立てている。ワンピースに関しては、上代で15,000円の販売価格を想定して、１型平均で1,000着、合計８型の構成を計画している。ワンピースの構成比を求めなさい。　**76**

ｂ．上記ａ．のワンピースの総生産金額は原価で3,600万円であった。平均原価率を求めなさい。　**77**

ｃ．今秋物展示会におけるコートの平均原価率が25%、生産予定数量が800着、正規上代販売予定数量が480着とした場合のプロパー消化率を求めなさい。　**78**

ｄ．原価率が30%の商品を60%の掛率で小売店に卸した場合の粗利益率を求めなさい。　**79**

ｅ．１ｍ当たり1,000円の生地、要尺1.5ｍ、属工賃1,160円（うち付属代160円）のシャツの上代を9,500円に設定した。このシャツの原価率を求めなさい。　**80**

ア	12%	イ	15%	ウ	24%	エ	25%	オ	28%
カ	30%	キ	35%	ク	50%	ケ	53%	コ	60%

問17　下記は、ファッション関連の情報と見本市に関する表です。［　　］の中にあてはまる言葉を、語群〈ア～コ〉から選び、解答番号の記号をマークしなさい。（解答番号の81は同一の言葉を3回、83は2回使用）。

ファッショントレンド情報			ビジネスの現場	
24ヶ月前～	インターカラー	→	24～18ヶ月前	［81］の企画
18ヶ月前～	ＪＡＦＣＡカラー情報 素材団体のカラー・素材情報 情報会社のトレンド情報（サイト）［81］見本市（例：エキスポフィル）	→	18～12ヶ月前	［81］、テキスタイル、［83］の企画
12ヶ月前～	テキスタイル見本市 （例：［82］）［83］見本市（例：リネアペッレ）	→	12～６ヶ月前	アパレル、シューズ・バッグ等の企画
６ヶ月前～	［84］（コレクションとも呼ばれる） アパレル見本市（例：トラノイファム）、シューズ・バッグ見本市（例：ＭＩＣＡＭ） ファッショントレンド専門情報、ファッション専門情報、ファッション業界情報の専門紙誌・サイト	→	６～０ヶ月前	［85］のＭＤ、バイイング
実シーズン	ファッション誌、女性誌・男性誌、一般誌（紙）、テレビ、ウェブサイト	→	実シーズン	消費者の購入

ア	デザイナーブランド	イ	ファッション・ウィーク	ウ	プルミエールヴィジョン	エ	プルミエールクラス
オ	ランジェリー	カ	ファブリック	キ	レザー	ク	ヤーン
ケ	リテーラー	コ	ファクトリー				

問18　下記a～eは、アパレル生産管理に関する問題です。それぞれの設問に該当する解答を、それぞれの〈ア～ウ〉から選び、解答番号の記号をマークしなさい。

a．アパレル生産管理には、アパレル生産企業の生産管理と、アパレルメーカーの生産管理がある。アパレル生産企業で行われ、アパレルメーカーでは行われない生産管理業務を選びなさい。　86

ア．外注管理

イ．工程管理

ウ．原価管理

b．縫製工場が自社ブランドで展開するケースを選びなさい。　87

ア．ＯＥＭ生産

イ．ＯＤＭ生産

ウ．ファクトリーブランドの生産

c．「不良品を顧客に提供することがないように、製品の品質を一定のものに安定させ、かつ向上させるための様々な管理」を指す用語を選びなさい。　88

ア．ＱＣ

イ．ＱＲ

ウ．ＱＴ

d．アパレルメーカーが商社アパレル部門と取引する場合の、製品調達方式を選びなさい。　89

ア．製品買い

イ．生地買い工賃払い

ウ．糸売り製品買い

e．次のうち、誤っていると思われる文章を選びなさい。　90

ア．Ｊクオリティ認証制度とは、染色、織り・編み、縫製、企画・販売のすべての工程が日本国内で行われる純国産の衣料品を認証する制度である。

イ．海外で生産する商品は、国内で生産する商品と比較して、円安になると原価が安くなる傾向がある。

ウ．アパレルメーカーは、収率を高くして要尺を縮めるとコストが下がる。

問19　下記a～eは、アパレル物流に関する文章です。それぞれの文章の［　　］の中に該当する語句をそれぞれの〈ア～ウ〉から選び、解答番号の記号をマークしなさい。

a．商品や原材料、副資材を自社に運び込むための物流のことを［ 91 ］物流と表現する。

ア．調達

イ．販売

ウ．返品

b．物流倉庫における保管業務は、どこに何があるのかを明確にする［ 92 ］管理が重要である。

ア．プライス

イ．ピッキング

ウ．ロケーション

c．３ＰＬ（サードパーティ・ロジスティクス）には、倉庫や輸送車両などの資産を持たずにサービスを提供する［ 93 ］型の企業も存在する。

ア．アセット

イ．ノンアセット

ウ．ゼロ

d．輸配送管理とは、［ 94 ］効率を高めるための管理業務全般のことである。

ア．人件費

イ．燃費

ウ．配送

e．輸出入の物流に関し、自らは輸送手段を持たず、荷主から貨物を預かり船舶や航空などを利用して運送を引き受ける事業者のことを、［ 95 ］と呼ぶ。

ア．フォワーダー

イ．クオーター

ウ．ファースト

問20　下記a～eは、SCM（サプライチェーンマネジメント）に関する文章です。それぞれの設問に該当する解答を、それぞれの〈ア～ウ〉から選び、解答番号の記号をマークしなさい。

a．次のうち、正しい文章を選びなさい。　96

ア．ＳＣＭは、規模の経済性を実現していくための手法といえる。

イ．ＳＣＭは、キャッシュフローの最大化を実現することが目的といえる。

ウ．ＳＣＭは、１社単独で実施すると、より効果が大きくなるといえる。

b．ＲＦＭ分析における、頭文字「Ｆ」が示す単語であるFrequencyの示す意味として、正しいものを選びなさい。　97

ア．最終購買日

イ．一定期間の購入回数

ウ．一定期間の購入金額

c．ＪＡＮコードに関する説明として、次のうちから正しい文章を選びなさい。　98

ア．必ず末尾に１桁のチェックデジットが記される。

イ．国を示すコードは３桁である。

ウ．標準タイプ（13桁）と短縮タイプ（11桁）の２つの種類が存在する。

d．物流情報システムＮＡＣＣＳ（ナックス）に関する説明として、次のうちから正しい文章を選びなさい。　99

ア．海上貨物の手続きは、Air－ＮＡＣＣＳのシステムを活用する。

イ．国交省が管理・運営していた港湾ＥＤＩシステムは統合されず、別途稼働している。

ウ．総輸出入許可件数の95％以上が、ＮＡＣＣＳによって処理されている。

e．ＲＦＩＤに関する説明として、次のうちから正しい文章を選びなさい。　100

ア．ＲＦＩＤタグには、ＩＣと小型バッテリーが組み込まれている。

イ．ＲＦＩＤタグは非代替性があり、情報の書き換えはできない。

ウ．電波を介して情報を読み取る非接触型の自動認識技術のことである。

問21　下記ａ～ｅは、アパレル流通戦略と商取引に関する問題です。それぞれの設問に該当する解答をそれぞれの〈ア～ウ〉から選び、解答番号の記号をマークしなさい。

ａ．流通は、「商流、物流、情流」に大別される。このうち、アパレルメーカーにおける「商流」に該当する業務を選びなさい。　101

ア．小売店に商品を発送する。

イ．小売店から受注する。

ウ．小売店の店頭情報を収集する。

ｂ．次のうち通常、デザイナーブランドの販売先に該当するものを選びなさい。　102

ア．ＳＰＡ

イ．セレクトショップ

ウ．ＧＭＳ

ｃ．「直営店展開」と「専門店への卸売り（買取り条件）」を比較した次の文章のうち、誤っていると思われる文章を選びなさい。　103

ア．「直営店展開」は「専門店への卸売り（買取り条件）」と比較して、ブランドイメージを強く打ち出せる。

イ．「直営店展開」は「専門店への卸売り（買取り条件）」と比較して、売れた時の粗利益率が高い。

ウ．「直営店展開」は「専門店への卸売り（買取り条件）」と比較して、店舗投資が少なくてすむ。

ｄ．アパレルメーカーがショッピングセンターで展開する際の売上歩合家賃方式の家賃の計算式を選びなさい。　104

ア．坪数×坪効率×歩率

イ．坪数×坪当り賃料

ウ．坪数×坪効率×坪当り賃料

ｅ．次のうち、誤っている文章を選びなさい。　105

ア．アパレルメーカーは、セレクトショップに対して卸販売を行っている。

イ．アパレルメーカーは、ネットショップに対して卸販売を行っている。

ウ．アパレルメーカーは、消費者に対して卸販売を行っている。

問22　下記a～eは、アパレルメーカーの営業担当者の6月度取引先別営業実績に関する文章です。設定条件の表を読み、文中の［　　］の中にあてはまる数値を、数値群〈ア～コ〉から選び、解答番号の記号をマークしなさい。

取引先	目標売上高	実績売上高	売上原価	月初売掛金	月内回収金額
A店	800	920	423	1,020	1,110
B店	700	750	345	900	1,040
C店	600	660	297	680	680
D店	500	450	216	550	500
E店	1,000	900	414	1,000	900

（単位：千円）

a．A店との取引による粗利益は、［106］（千円）であった。

b．B店との取引による粗利益率は、［107］%であった。

c．C店との取引による目標達成率は、［108］%であった。

d．D店との取引による今月末の売掛金は、［109］（千円）となった。

e．E店との取引による売掛金回転率は、［110］回転であった。

ア	0.9	イ	1.1	ウ	46	エ	54	オ	91
カ	110	キ	377	ク	497	ケ	500	コ	600

問23　下記ａ～ｃは、某セレクトショップの９月の計数結果に関する文章です。[　　　]の中にあてはまる数値を、数値群（ア～コ）から選び、解答番号の記号をマークしなさい。

ａ．このショップの売場面積は[111]坪（＝198㎡）である。９月の売上高は1,560万円であったので、坪効率は[112]万円ということになる。

ｂ．いずれも上代で、８月の月末在庫は2,130万円、９月には[113]万円の仕入高が発生し、月末在庫は2,550万円となった。したがって９月の在庫回転日数は[114]日である。

ｃ．９月の仕入れにおける平均掛率は55％であったので、値入高は[115]万円になる。

ア	26	イ	28	ウ	30	エ	45	オ	60
カ	90	キ	891	ク	1089	ケ	1620	コ	1980

問24　下記ａ～ｅは、多店舗運営に関する文章です。［　　　］の中にあてはまるものを、それぞれの（ア～ウ）から選び、解答番号の記号をマークしなさい。

ａ．多店舗化を図るのに、より適合する要因の１つには、［116］場合が該当する。

ア．嗜好品を販売している

イ．既存店が不調で活路を見出したい

ウ．売れ筋商品の利益率が高い

ｂ．［117］の実施においては当然、単独店よりも多店舗展開の方が有利である。

ア．クリック＆モルタル

イ．ドラッグ＆ドロップ

ウ．クリック＆コレクト

ｃ．ドミナント戦略による多店舗化には、［118］というメリットがある。

ア．フランチャイザーにとって物流費の効率化が図れる

イ．フランチャイジーにとってカニバリゼーションを回避できる

ウ．フランチャイザーにおいて広範囲への迅速な出店が実現する

ｄ．ネットショップを複数のネットモールに出店すると［119］というメリットが見込める。

ア．商品在庫管理の効率化が図れる

イ．多彩な販促イベントに参加できる

ウ．商品情報の登録・更新の手間が省ける

ｅ．［120］は単独店には存在しない多店舗展開小売業ならではの職種といえる。

ア．マーチャンダイザー

イ．スーパーバイザー

ウ．デコレーター

問25　下記ａ～ｅは、ネットショップ運営に関する文章です。それぞれの文章に当てはまる言葉を、それぞれの語群〈ア～ウ〉から選び、解答番号の記号をマークしなさい。

ａ．掲示板や、口コミサイトなど、一般の消費者が参加してできていくメディア。
121

ｂ．月間のアクティブユーザーのこと。　122

ｃ．サイトの表示回数。　123

ｄ．「フォントが読みやすい」「対応がとても丁寧だった」などのＥＣサイトで消費者が感じる体験。　124

ｅ．成果報酬型広告。　125

121の語群	ア	ＣＧＭ	イ	ＧＭＳ	ウ	ＣＲＭ
122の語群	ア	ＭＡＵ	イ	ＭＵＡ	ウ	ＭＭＵ
123の語群	ア	ＰＶ	イ	ＩＰ	ウ	ＰＰ
124の語群	ア	ＵＵ	イ	ＵＸ	ウ	ＵＩ
125の語群	ア	バナー広告	イ	アフィリエイト	ウ	テキスト広告

問26　下記ａ～ｃは、ファッション企業のプロモーションに関する文章です。それぞれの設問に該当する解答を、それぞれの語群〈ア～エ〉から選び、解答番号の記号をマークしなさい。

ａ．下記はトリプルメディアの表である。［126］と［127］と［128］に当てはまる単語をそれぞれ選びなさい。

ア．アーンドメディア

イ．シェアードメディア

ウ．オウンドメディア

エ．ペイドメディア

名称／項目	126	127	128
ウェブ上	検索連動型広告・タイアップ	公式ウェブサイト・公式ＳＮＳ	ＣＧＭ・個人や専門家のサイトやＳＮＳ
ウェブ以外の例	マス広告・交通広告	イベント開催・社員	マスコミ報道・社員
メリット	コントロール可能 即効性	消費者と密なコミュニケーションがとれる	情報が信頼されやすい セールスに影響
デメリット	コストが高く、競合が多い	消費者に見つけてもらう努力が特に必要	コントロール不可のため、リスクマネジメントが重要

ｂ．消費者に対してのセールスプロモーションの内容として適している内容を選びなさい。［129］

ア．什器・販促ツールを貸与する。

イ．ブランドイメージや認知度を高めるための長期的な戦略となる。

ウ．短期的即効性が期待される。

エ．売上の達成度合いによって掛け率がダウンする。

ｃ．情報開示や危機管理、インタラクティブコミュニケーションなど、ステークホルダーや社会との良好な関係構築活動を行うプロモーション活動の名称を選びなさい。［130］

ア．ＣＩ

イ．ＢＩ

ウ．ＣＳＲ

エ．ＰＲ

問27　下記a～eは、ネットショップ運営に関する文章です。それぞれの設問に該当する解答を、それぞれの語群〈ア～ウ〉から選び、解答番号の記号をマークしなさい。

a．既存顧客のリピートを促す集客方法で一番効果的でない内容を選びなさい。　131

ア．電話をかけて新作の案内などを行う。

イ．季節のグリーティングメールを送る。

ウ．広告やパブリシティを使う。

b．消費者の得られるインセンティブの内容として適していない内容を選びなさい。

ア．送料を無料にする。　132

イ．商品をセットで購入した顧客にプレゼントを渡す。

ウ．購入客から古着を回収する。

c．自社のウェブサイトへのアクセスを増やすために一番効果的でない内容を選びなさい。

ア．他のウェブサイトと連携して広告を出す。　133

イ．顧客にウェブサイトの情報についてＤＭを出す。

ウ．ポップアップ機能を多用する。

d．ハロウィンのプロモーションを行うのに適した時期を選びなさい。　134

ア．オータム／秋

イ．ミッドサマー／盛夏

ウ．アーリーサマー／初夏

e．クリスマスのプロモーションを行うのに適した時期を選びなさい。　135

ア．ウィンター／冬

イ．オータム／秋

ウ．ミッドサマー／盛夏

問28　下記のａ～ｅは、職種別業務に関する文章です。それぞれの文章に当てはまる言葉を、語群〈ア～コ〉から選び、解答番号の記号をマークしなさい。

ａ．デザイナーのアイデアやデザイン画に基づいてパターンやサンプル製作を行う専門家のこと。 136

ｂ．アパレル企業で、標準サイズの型紙をもとにして、大小各種サイズの工業用型紙を作る専門家のこと。 137

ｃ．多店舗チェーン展開をしている企業で、店舗ごとの売り上げ規模や在庫状況に合わせて、アイテムごとの分配数量と時期を決定する職種のこと。 138

ｄ．商品や写真の貸し出し、取材のアレンジメント、記者発表、ショーや展示会の企画、デザイナーの秘書業務など、広報と販促の多様な仕事をする担当者のこと。 139

ｅ．百貨店などで商品企画や商品構成企画、販売企画などの際に助言・提案・指導などを行う専門家のこと。 140

ア	モデリスト	イ	ディストリビューター	ウ	アタッシェドプレス
エ	マーチャンダイザー	オ	アシスタントデザイナー	カ	テキスタイルデザイナー
キ	ショップマネジャー	ク	グレーダー	ケ	ファッションコーディネーター
コ	バイヤー				

問29　下記a～eは、マネジメントに関する問題です。それぞれの設問に該当する解答をそれぞれの〈ア～ウ〉から選び、解答番号の記号をマークしなさい。

a．「マネジメント」の用語説明に該当する文章を選びなさい。　141

ア．企業の目的を達成するために、経営資源である「ヒト・モノ・カネ・情報」を調達し、効率的に配分し、適切に組み合わせる、といった諸活動のことである。

イ．企業の目的を達成するために、顧客、依頼人、パートナー、社会全体にとって価値のある提供物を創造・伝達・配達・交換するための活動であり、一連の制度、プロセスである。

ウ．企業の目的を達成するために、仕入れ、販売、管理などの業務フローについてコントロールする諸活動のことである。

b．企業の部門は、ライン部門とスタッフ部門に大別できる。スタッフ部門に該当するものを選びなさい。　142

ア．生産部門

イ．営業部門

ウ．経理部門

c．労働三法のうち、労働者の労働時間、休日、年次有給休暇、時間外労働、安全、雇用制度などを定めている法律を選びなさい。　143

ア．労働組合法

イ．労働基準法

ウ．労働関係調整法

d．「発展途上国の原料や製品を公正な価格で継続的に購入し、発展途上国の生産者や労働者の生活改善と経済的・社会的な自立を目指す取引のしくみ」に該当する用語を選びなさい。　144

ア．コンプライアンス

イ．フェアトレード

ウ．サステナブル

e．誤っている文章を選びなさい。　145

ア．ＣＳＲとは、顧客に対する責任をさす。

イ．これまで日本では終身雇用、年功序列、企業内労働組合が、日本的経営の「３種の神器」と言われてきた。

ウ．ＯＪＴでは、職場で実際に業務を進めながら、知識・技能を計画的・体系的に身に付けさせる。

問30　下記のａ～ｅは、ＩＴ基礎知識に関する用語の説明文です。それぞれの説明文に該当する用語を、語群〈ア～コ〉から選び、解答番号の記号をマークしなさい。

ａ．個人データに関するＥＵ一般データ保護規則のこと。 146

ｂ．天候や気温などの気象データや催事情報などの売上に影響するデータのこと。 147

ｃ．モノや人の現在位置を測定するためのシステムのこと。 148

ｄ．「いつ」「どこで」「どの商品がいくらで」「どれくらいの枚数が売れた」などがわかるレジのシステムのこと。 149

ｅ．自分自身を複製して、他のシステムに拡散するという性質を持ったマルウェアのこと。 150

ア	ハッキング	イ	ワーム	ウ	ＧＰＳ	エ	カテゴリーデータ
オ	コーザルデータ	カ	ＦＳＰ	キ	ＰＯＳ	ク	ＧＤＲＰ
ケ	ＰＲ	コ	ＧＤＰ				

問31　下記a～eは、企業会計とビジネス計数に関する文章です。［　　］の中にあてはまる文章を、それぞれの〈ア～ウ〉から選び、解答番号の記号をマークしなさい。

a．資産は、その性質によって、流動資産と固定資産、繰延資産に大別される。このうち流動資産には、［151］

ア．現金、預貯金、売掛金、商品、原材料などがある。

イ．土地、建物、設備、知的財産などがある。

ウ．創立費、開業費などがある。

b．キャッシュフローとは、一言で言って［152］

ア．収益と総費用の対比である。

イ．資産と負債の対比である。

ウ．現金の収支のことである。

c．小売企業が消費者にクレジットカードで商品を販売したとき、［153］

ア．小売企業には買掛金が発生する。

イ．小売企業には売掛金が発生する。

ウ．小売企業には商品在庫が発生する。

d．限界利益は、［154］

ア．「売上高－固定費」で算出される。

イ．「売上高－変動費」で算出される。

ウ．「固定費－変動費」で算出される。

e．建値消化率とは、［155］

ア．総売上高のうち、消化仕入れで仕入れた商品の比率である。

イ．自社で企画したオリジナルブランドの売上比率である。

ウ．総生産高（総仕入高）に対して、プロパー価格で販売した比率である。

問32　下表は、某専門店の2022年度の予算の一部です。a～eの設問に該当する数値を、数値群〈ア～コ〉から選び、解答番号の記号をマークしなさい。（千円未満、1%未満、四捨五入）

売上高	160,000
期首商品棚卸高	10,600
商品仕入高	103,400
期末商品棚卸高	a
売上原価	102,200
売上総利益	b
変動経費	9,800
固定経費	c
営業利益	6,066

（単位：千円）

注. 月初在庫高、商品仕入高、月末在庫高は原価で記載されている。

a. a の期末商品棚卸高を求めなさい。 156 （千円）

b. b の売上総利益を求めなさい。 157 （千円）

c. c の固定経費を求めなさい。 158 （千円）

d. 商品回転日数を求めなさい。 159 （日）

e. 損益分岐点売上高を求めなさい。 160 （千円）

ア	40	イ	438	ウ	9,400	エ	11,800	オ	41,934
カ	46,800	キ	56,600	ク	57,800	ケ	59,906	コ	139,780

問33　下記a～eは、ファッションビジネスの法務に関する文章です。[　　]の中にあてはまる言葉を、それぞれの語群〈ア～ウ〉から選び、解答番号の記号をマークしなさい。（解答番号の161、163はそれぞれ同一の言葉を２回使用）

a．会社法においては、会社は株式会社、合名会社、合資会社、[161]会社の４種類に分類される。この４種類の会社は、会社の構成員である社員の責任の取り方が異なる。有限責任社員のみで構成されるのは、株式会社と[161]会社である。

b．株式会社の最高意思決定機関は、[162]である。

c．[163]契約とは、一般に短期間の賃貸借契約をいう。シェアリングエコノミーが成長している近年、[163]ビジネスが注目されている。

d．著作権、商標権、肖像権のうち、産業財産権（工業所有権）に該当するのは、[164]である。

e．[165]法では、著名な未登録商標・商号の紛らわしい使用や、不適切な地理的表示などは禁止されている。

161の語群	ア	合同	イ	合弁	ウ	相互
162の語群	ア	株主総会	イ	取締役会	ウ	理事会
163の語群	ア	ローン	イ	リース	ウ	レンタル
164の語群	ア	著作権	イ	商標権	ウ	肖像権
165の語群	ア	景品表示	イ	独占禁止	ウ	不正競争防止

問34　下記a～eは、グローバルビジネスと貿易に関する用語とその説明文です。[　　]の中にあてはまる言葉を、語群〈ア～コ〉から選び、解答番号の記号をマークしなさい。

a．[166]：外国との間において、貿易の自由化のみならず経済関係全般の広い分野にわたり連携を強化することを目的とした協定。

b．ＣＦＲ：貿易取引における運賃込の条件のことで、[167]に運賃が加わった価格となる。Ｃ＆Ｆともいわれる。

c．Ｌ／Ｃ（[168]）：貿易取引の決済方法として用いられるもので、輸入者側の依頼によって、輸入者の取引銀行が発行し、輸入者側の支払いを保証する証書になる。

d．[169]（乙仲）：輸出入の貨物の取扱いを代行する業者。

e．[170]：外国から輸入される貨物に課せられる租税。

ア	ＣＩＦ	イ	ＥＰＡ	ウ	ＦＯＢ	エ	ＷＴＯ	オ	船荷証券
カ	信用状	キ	関税	ク	印紙税	ケ	商社	コ	海貨業者

第57回ファッションビジネス知識［Ⅱ］

〈正解答〉

解答番号		解答	解答番号		解答	解答番号		解答
問１	1	ク	問８	36	イ	問15	71	ウ
	2	ケ		37	ア		72	ク
	3	キ		38	ウ		73	オ
	4	ウ		39	ウ		74	エ
	5	オ		40	ア		75	ア
問２	6	イ	問９	41	イ	問16	76	ア
	7	ア		42	イ		77	カ
	8	イ		43	ア		78	コ
	9	イ		44	イ		79	ク
	10	ア		45	ウ		80	オ
問３	11	ク	問10	46	ア	問17	81	ク
	12	キ		47	ア		82	ウ
	13	コ		48	ウ		83	キ
	14	イ		49	イ		84	イ
	15	カ		50	ウ		85	ケ
問４	16	ウ	問11	51	ク	問18	86	イ
	17	キ		52	エ		87	ウ
	18	ア		53	ウ		88	ア
	19	オ		54	キ		89	ア
	20	ケ		55	カ		90	イ
問５	21	ウ	問12	56	イ	問19	91	ア
	22	ウ		57	ア		92	ウ
	23	ウ		58	ウ		93	イ
	24	ウ		59	ア		94	ウ
	25	ウ		60	ウ		95	ア
問６	26	ア	問13	61	イ	問20	96	イ
	27	イ		62	ア		97	イ
	28	イ		63	イ		98	ア
	29	ア		64	ウ		99	ウ
	30	ア		65	ア		100	ウ
問７	31	カ	問14	66	ウ			
	32	ア		67	イ			
	33	ク		68	ア			
	34	エ		69	ア			
	35	ケ		70	ウ			

第57回ファッションビジネス知識［Ⅱ］

〈正解答〉

解答番号		解答	解答番号		解答
問21	101	イ	問28	136	ア
	102	イ		137	ク
	103	ウ		138	イ
	104	ア		139	ウ
	105	ウ		140	ケ
問22	106	ク	問29	141	ア
	107	エ		142	ウ
	108	カ		143	イ
	109	ケ		144	イ
	110	ア		145	ア
問23	111	オ	問30	146	ク
	112	ア		147	オ
	113	コ		148	ウ
	114	エ		149	キ
	115	キ		150	イ
問24	116	ウ	問31	151	ア
	117	ウ		152	ウ
	118	ア		153	イ
	119	イ		154	イ
	120	イ		155	ウ
問25	121	ア	問32	156	エ
	122	ア		157	ク
	123	ア		158	オ
	124	イ		159	ア
	125	イ		160	コ
問26	126	エ	問33	161	ア
	127	ウ		162	ア
	128	ア		163	ウ
	129	ウ		164	イ
	130	エ		165	ウ
問27	131	ウ	問34	166	イ
	132	ウ		167	ウ
	133	ウ		168	カ
	134	ア		169	コ
	135	ア		170	キ

第57回

ファッション造形知識 [Ⅱ]

問1　下記a～eは、服装史におけるスタイルに関するイラストです。それぞれにあてはまる言葉を語群〈ア～ク〉から選び、解答番号の記号をマークしなさい。

ア	バッスルスタイル	イ	ヒッピー	ウ	イブニングコート	エ	アイビー
オ	Sラインドレス	カ	ニュールック	キ	ディナージャケット	ク	クリノリン

問2　下記ａ～ｅは、デザイン史に関する文章です。［　　］の中にあてはまる言葉を語群〈ア～ク〉から選び、解答番号の記号をマークしなさい。（解答番号7、10は、それぞれ同一の言葉を２回使用）

ａ．19世紀の産業革命後、職人による手作業を模倣した装飾過剰な製品が、機械によって大量生産される。この時代に登場したのが、詩人で工芸家、社会運動家の［ 6 ］である。彼が展開したアーツ・アンド・クラフト運動は、ヨーロッパやアメリカに大きな影響を及ぼすことになった。

ｂ．19世紀末から20世紀初頭にかけて、アールヌーボーが［ 7 ］として流行する。その特徴は、優美で流動的な曲線やしなやかな曲面であった。パリの地下鉄の入り口や集合住宅の設計で名高いギマール、ポスターのミュシャ、ガラス工芸や家具のデザインで名高いエミール・ガレなどが代表作である。

ｃ．ドイツの建築家［ 8 ］は、1919年ドイツのワイマールに創設した美術学校バウハウスを設立し、機械時代における「芸術と美術の統一」を理念に揚げ、学校教育を通してその実践に努めた。

ｄ．1925年に「現代装飾・工業美術国際展」がパリで開催される。その名前に由来したアールデコが［ 7 ］として流行する。アールヌーボーとは対照的に直線的、なおかつ連続的な波模様、基本形態の反復など［ 9 ］傾向が顕著であり、機械の時代を感じさせるものである。

ｅ．機能主義的で標準形態を展開した［ 10 ］の行き詰まりから、1970年代に入ると機能主義が不要なものとして切り捨ててきたものに注目し、人間性の回復を試みようとしたポスト・［ 10 ］とよばれる新しい運動が、デザイナーや建築家によって展開される。

ア	キュビスム	イ	退廃的	ウ	幾何学的	エ	装飾様式
オ	ウォルター・グロピウス	カ	ウイリアム・モリス	キ	モダニズム	ク	ミニマリズム

問3　下記a～eは、ファッション企業のスタイリング計画に関する文章です。［　　］にあてはまる言葉を、それぞれの〈ア～ウ〉から選び、解答番号の記号をマークしなさい。

a．小売企業のスタイリング計画は、［ 11 ］部門が行うことが一般的である。

ア． ロジスティクス

イ． マーチャンダイジング

ウ． カスタマーサービス

b．スタイリングコンセプトを実需期ごとの商品として具体化していくには、気温の変化や社会行事などの「［ 12 ］性」を考慮することが重要になる。

ア． シーズン

イ． オケージョン

ウ． プロモーション

c．［ 13 ］の店頭スタイリング計画は、統一したＶＰを見せることがブランドコンセプトの表現に繋がるため、基本的に個店での変更は認められない。

ア． ＳＰＡ

イ． ＮＳＣ

ウ． ＣＶＳ

d．店頭でのコーデート販売は、自然な［ 14 ］を促すため、販売の基本となっている。

ア． 坪効率のダウン

イ． 経費削減による効率アップ

ウ． 客単価の上昇

e．［ 15 ］の販売では、装いに細かいルールがあるため、それを十分に留意したうえで、コーディネート提案することが必須である。

ア． フォーマルウェア

イ． ストリートウェア

ウ． ワンマイルウェア

問4　下記は、ＶＭＤ及びＶＰ、ＰＰ、ＩＰ計画に関する文章です。[　　　]の中にあてはまる言葉を、語群(ア～コ)から選び、解答番号の記号をマークしなさい。

シーズン前の綿密なＶＭＤ計画立案という点では、[16]業態よりも[17]商品を展開する[18]業態の方が有利といえる。ＶＰ、ＰＰ、ＩＰ計画のうち、特にファサードで、その時々にインパクトをもって短期間で売り切る商品（＝[19]アイテム）の[20]計画を充実させることにより、競合先との差別化につながる。

ア	ステープル	イ	ＩＰ	ウ	シーゾナル	エ	ＰＢ
オ	セレクトショップ	カ	ＰＰ	キ	ホールセール	ク	ＮＢ
ケ	ＶＰ	コ	ＳＰＡ				

問5　下記a～eは、アパレル商品に関する文章です。それぞれにあてはまる言葉を、語群〈ア～ウ〉から選び、解答番号の記号をマークしなさい。

a．トドラーウェアの対象となる年齢　21

ア．0～2歳

イ．3～5歳

ウ．13～18歳

b．カットソーと呼ばれるアパレル　22

ア．スエット

イ．チノパンツ

ウ．ネルシャツ

c．アパレルに分類される繊維製品　23

ア．学生服

イ．ゆかた

ウ．サコッシュ

d．ジャケットに分類されるアイテム　24

ア．ルダンゴト

イ．ポンチョ

ウ．ジージャン

e．ブラウスに分類されるアイテム　25

ア．ボレロ

イ．キャミソールトップ

ウ．シャツドレス

問6　下記a～eは、アパレル商品に関する文章です。［　　］にあてはまる言葉を、それぞれの〈ア～ウ〉から選び、解答番号の記号をマークしなさい。

a．レディスフォーマルウェアで、昼の正礼装として着用するのは［ 26 ］である。

ア．ニューフォーマル

イ．イブニングドレス

ウ．アフタヌーンドレス

b．メンズフォーマルウェアで、夜の正礼装として着用するのは［ 27 ］である。

ア．テールコート

イ．ダークコート

ウ．ブラックコート

c．ベビーウェアのベビーとは、生後［ 28 ］カ月までの乳児、赤ん坊を指す。

ア．12

イ．24

ウ．36

d．レディスインナーウェアで、機能性と装飾性を兼ね備え、服の滑りを良くしたり、下着が透けるのを防いだりする、スリップなどの下着を［ 29 ］という。

ア．ファンデーション

イ．ランジェリー

ウ．ニットインナー

e．レディスインナーウェアのショーツでヒップ部分がT字になっているショーツを［ 30 ］と呼ぶ。

ア．ビキニ

イ．ヒップハング

ウ．ソング

問7　下記a～eは、代表的なシルエット図とその名称です。それぞれに当てはまる説明文を、文章群〈ア～ク〉から選び、解答番号の記号をマークしなさい。

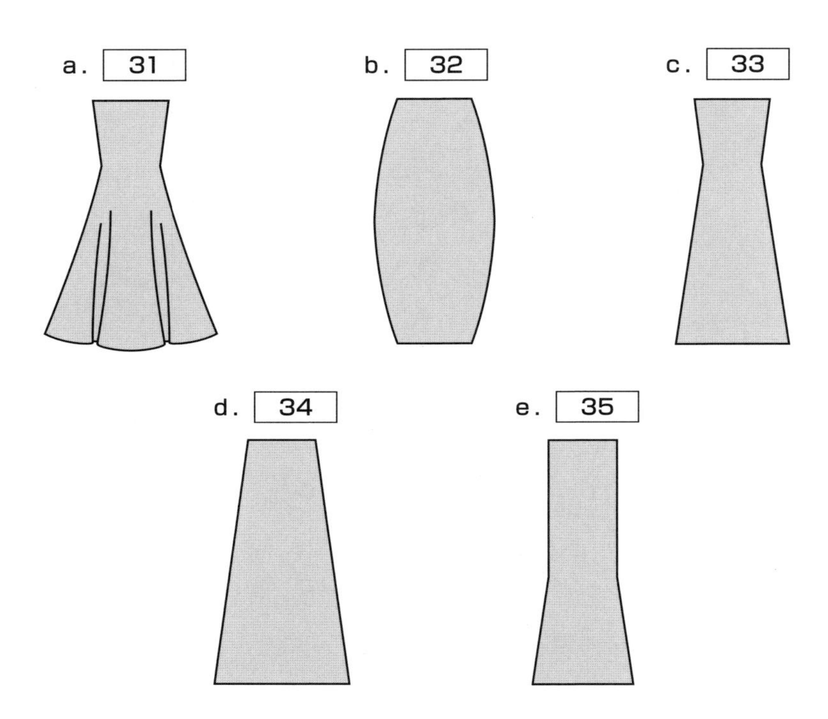

ア	身体のウエスト位置に服のウエストを設定したシルエット。
イ	逆台形ともいえるV字型のラインのことで、肩幅が広く、裾に向かってすぼまっていくシルエット。
ウ	「砂時計」の意味で、ウエストを極端に絞ったシルエット。
エ	樽のように中ぶくれになったシルエット。
オ	垂直な長い線が強調されたものや、細長い矩形（長方形）を感じさせるシルエット。
カ	フランス語で「台形」の意味で、肩幅が狭く、肩から斜めに裾広がり線をもつシルエット。
キ	ロングトルソーといわれ、腰骨位置に切り替えやデザインポイントがある。「ギャルソンヌスタイル」によく見られるシルエット。
ク	上半身は身体のラインにぴったりと合わせ、ウエストを絞り、スカートは裾に向かって広がるシルエット。

問8　下記のa～eは、シューズのイラストです。それぞれのイラストにあてはまる名称を、語群〈ア～コ〉から選び、解答番号の記号をマークしなさい。

c. 38

d. 39

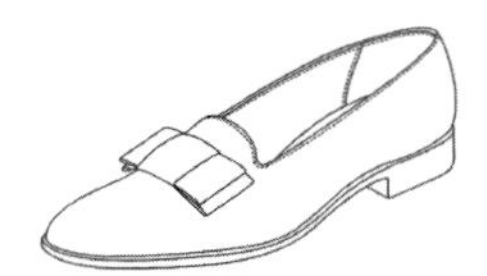

e. 40

ア	ブローグ	イ	プラットフォームシューズ	ウ	ローファー	エ	オペラシューズ
オ	サイドゴアブーツ	カ	ワークブーツ	キ	サンダル	ク	モカシン
ケ	カッターシューズ	コ	ミュール				

問9　下記a～eは、サイズに関する文章です。［　　］の中にあてはまる言葉を、語群〈ア～コ〉から選び、解答番号の記号をマークしなさい。

a．「成人女子用衣料のサイズ表示」のサイズ表示の表し方の種類は、服種によって「範囲表示」「単数表示」「［ 41 ］」のいずれかの方法で表示することになっている。

b．婦人服のサイズで「９ＡＲ」と表示されている場合の「９」は［ 42 ］である。

c．Ｙ体型は、Ａ体型よりヒップが４cm［ 43 ］人の体型である。

d．Ｂ体型は、Ａ体型よりヒップが８cm［ 44 ］人の体型である。

e．「成人女子用衣料のサイズ表示」の対象となる服種は、アウターウェアの全服種のほか、スリーピングウェア、ランジェリー、［ 45 ］などがある。

ア	バストサイズ	イ	ファンデーション	ウ	ウエストサイズ	エ	体型区分表示
オ	大きい	カ	肌着	キ	身長記号	ク	小さい
ケ	ヒップサイズ	コ	年齢表示				

問10　下記a～eは、ファッション素材名と説明文の組合せです。［　　］の中にあてはまるものを、語群（ア～コ）から選び、解答番号の記号をマークしなさい。

a. ［46］＝カバーオールによく採用されるモグラの皮の意の肉厚コットン生地

b. ［47］＝断面がジグザグした表地と裏地を糸で接合した多層構造のジャージー

c. ［48］＝インドネシアのジャワ島で作られる蝋（ろう）を使った染め物

d. ［49］＝動物以外の植物由来やバイオベースの材料を使用したレザー風素材

e. ［50］＝主に毛繊維に水やアルカリ、熱、圧力などを加え繊維を絡み合せて布状にしたもの

ア	ベア天竺	イ	シャークスキン	ウ	ビーガンレザー	エ	マドラス
オ	ダンボールニット	カ	ツイード	キ	モールスキン	ク	エコレザー
ケ	バティック	コ	フェルト				

問11　下記a～eは、ファッション素材に関する文章です。[　　　]の中にあてはまるものを、それぞれの（ア～ウ）から選び、解答番号の記号をマークしなさい。

a．[51]は毛羽が縦方向に畝になったベルベット織物である。

ア．コードレーン

イ．コードバン

ウ．コーデュロイ

b．[52]は、梳毛や梳毛織物などのことである。

ア．ウェリーネ

イ．ウーステッド

ウ．ウールン

c．[53]は歴史ある再生ウール繊維の尾州産地での呼び名で、サステイナブル繊維として再注目されている。

ア．毛七

イ．紡錘

ウ．毛朱子

d．[54]は針抜きゴム編みの一種で、横方向の伸びが大きく、トップスの裾口やレギンスなどに使われる。

ア．トリコ

イ．テレコ

ウ．ラッセル

e．テンセルやリヨセルは植物を原料とした[55]である。

ア．無機繊維

イ．天然繊維

ウ．化学繊維

問12　下記a～dは、副資材に関する文章です。［　　］の中にあてはまるものを、それぞれの図・語群〈ア～ウ〉から選び、解答番号の記号をマークしなさい。

a．ボタンは、留め具としての機能性と装飾性の両面を併せもつ。ボタンには、表穴と裏穴があり、前者の一種であるタライ型の型は［ 56 ］、後者の一種である碁石型は［ 57 ］である。

b．肩パッドは、ショルダーラインのシルエット構築のために重要な役割を果たしている。その種類を大別すると「［ 58 ］スリーブタイプ」と「ラグランスリーブタイプ」がある。

c．留具の開閉機能は、①点、②線、③面に分類できる。②線には［ 59 ］がある。

d．元来、［ 60 ］で作られた裏地は、現在は外観や風合いが近い化学繊維が使われている。

56の図群	ア		イ	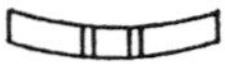	ウ	
57の図群	ア		イ		ウ	
58の語群	ア	セットイン	イ	シャツ	ウ	エポーレット
59の語群	ア	スライドファスナー	イ	テープファスナー	ウ	ボタン
60の語群	ア	綿	イ	毛	ウ	絹

問13　下記a～eは、アパレルデザインに関する文章です。［　　］の中にあてはまる言葉を語群〈ア～コ〉から選び、解答番号の記号をマークしなさい。

a．デザインの調和には、似た関係の要素で調和させる「類似の調和」と、対立する関係にある要素で調和させる「［ 61 ］の調和」がある。

b．多様な独立した個々の美が、一つひとつ調和してまとまりをもち、統一された美を［ 62 ］という。

c．左右の大きさや重さが異なっており、動的で変化に富んだデザインを［ 63 ］という。

d．デザインで［ 64 ］とは、「比例、割合」のことを指し、身長に対するドレスの丈、ジャケット丈に対するスカートの丈など、全体と部分の適切な比例関係をいう。

e．ファッションにおいて、日常生活の中で着られる多目的な服、実用的な服を［ 65 ］ウェアという。

ア	アシンメトリー	イ	ポジション	ウ	プロポーション	エ	コントラスト
オ	アクセント	カ	シンメトリー	キ	ユーティリティ	ク	ユニバーサル
ケ	グラデーション	コ	ユニティ				

問14　下記a～eは、ファブリケーション（素材計画）に関する文章です。正しいものには、解答番号の記号アを、誤っているものには、記号イをマークしなさい。

a．ファブリケーションに際しての検討項目として、①適合性、②機能性、③経済性、④造形要素、⑤縫製加工上の要素、⑥マーチャンダイジング上の要素などがある。

66

b．グレンチェックは、暗色２本、明色２本、または暗色４本、明色４本の繰り返しで綾織あるいは斜子織にしてつくった大柄の格子柄で、市松模様とヘアラインストライプを組み合わせた柄になる。

67

c．アパレルメーカーにおけるファブリケーションという工程では、ファブリックがかなりの付加価値を備えた素材であり、その付加価値がアパレル商品の評価にも大きく影響するため、綿密で周到な計画が必要とされる。

68

d．バーズアイは、幾何学的な直線や曲線の様々な組み合わせによる文様で、単調ではあるが、整然とした構成が、明快さを好む現代人の感覚にふさわしく、プリント柄としてよく用いられる。

69

e．多種多様なファブリックの中から、商品のデザインとして最適なものを選択するのは容易なことではないので、客観性のあるスクリーニング（絞り込み）をしておくことが必要であるが、最終的にはマーチャンダイザーやチーフデザイナーの判断に委ねることもある。

70

問15　下記は、ＳＰＡ型アパレルブランドの商品企画の業務フローを簡略化した図と、カラー業務の内容を説明した文章です。［　　］の中にあてはまる言葉を、語群〈ア～コ〉から選び、解答番号の記号をマークしなさい。

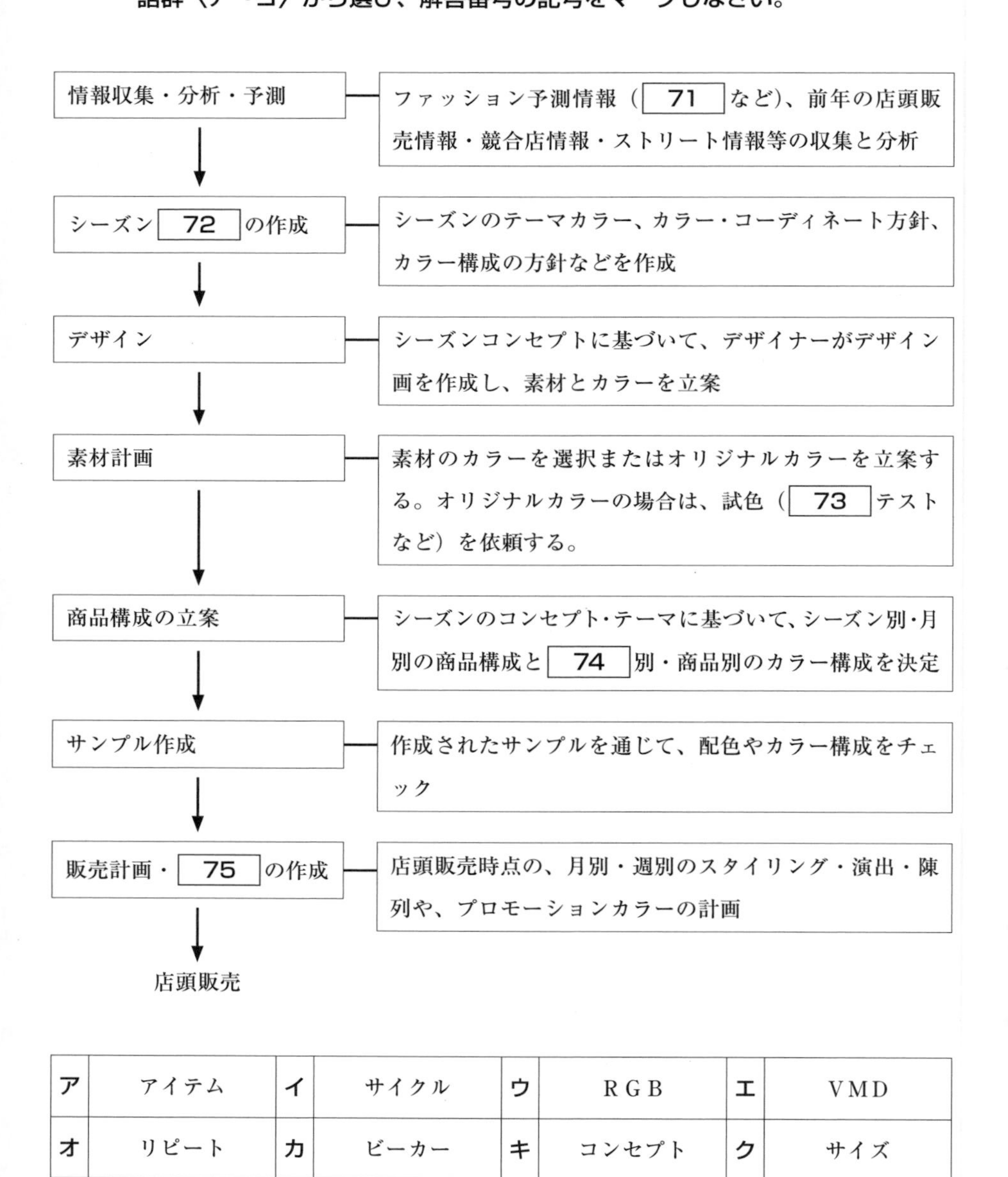

ア	アイテム	イ	サイクル	ウ	ＲＧＢ	エ	ＶＭＤ
オ	リピート	カ	ビーカー	キ	コンセプト	ク	サイズ
ケ	インターカラー	コ	アシッドカラー				

問16　下記a～eは、ネットショップ運営に関する文章です。それぞれの設問に該当する解答を、それぞれの語群〈ア～ウ〉から選び、解答番号の記号をマークしなさい。

a．作成したパターンデータをカットされたパターンに作成するための工程で使用されないツールを選びなさい。　76

ア．ＣＡＭ

イ．ＣＡＤ

ウ．ＣＲＭ

b．ＣＧに関する内容で当てはまらない文章を選びなさい。　77

ア．３Ｄではなく、２Ｄで活用される。

イ．新規店舗などのイメージデザインに活用される。

ウ．チラシなどの紙媒体に活用される。

c．３Ｄシミュレーションのメリットとして当てはまらないことを選びなさい。　78

ア．触り心地がわかる。

イ．布の落ち感がわかる。

ウ．生産時間とコストを省くことができる。

d．タイポグラフィについて間違っている文章を選びなさい。　79

ア．可視性は求めるが、可読性は求めない。

イ．ゴシック体は、可視性が高く、遠くからでも認識されやすい。

ウ．左右非対称に配置されたデザインは、不安定で動的なダイナミックな印象を与える。

e．「デバイスのレンズを通すことで、実際にはないものを現実世界に付加してみせる技術」を選びなさい。　80

ア．ＤＲ

イ．ＶＲ

ウ．ＡＲ

問17　下記a～eは、パターンと人台（ボディ）に関する名称です。それぞれにあてはまる説明文を、文章群〈ア～ク〉から選び、解答番号の記号をマークしなさい。

a．フラットパターンメーキング　81

b．工業用パターンメーキング　82

c．ドレーピング　83

d．キプリス　84

e．ドレスフォーム　85

ア	一般に有り型や各種原型をもとにしてパターンを作成することが多い方法で、パターンドラフティングとも呼ばれる
イ	ドレーピングや囲み製図のように、元になるパターンを使用せず独自の技術や知識でパターンを作成する方法
ウ	ＪＩＳサイズに合わせて作られた初めての工業用ボディ。1995年には成人女性の平均値を集約した標準的なボディも誕生。癖がなく体型のカバー率も高いのが特徴
エ	反身体型の明確な表現を加味したボディ
オ	日本で初めての工業用ボディ「アミカ」に続き、日本人の体型にあわせた本格的な工業用ボディ
カ	ボディにシーチングを直接当て、布目を重視しながらシルエットを出してパターンを形づくる方法
キ	産業用パターンとも呼ばれ、サンプルチェック後に見返しや表衿などのパーツパターンを抜き出し、工業縫製に必要な縫い代をつけたもの
ク	ボディにシーチングや綿を巻き付けたり、肩パッドなどで肩傾斜や肩幅を調整したターゲットの体型に合わせたオリジナルボディ

問18　下記a～eは、補正の知識に関する文章です。[　　]の中にあてはまる言葉を、語群〈ア～コ〉から選び、解答番号の記号をマークしなさい。

a．小売店における補正（お直し）は完成した商品を顧客のリクエストに応じて手直しする作業なので、ファッションアドバイザーは、お直しによる柄行き、シルエットやデザインの[86]のくずれなどを即座に判断し、アドバイスしなければならない。

b．基本的には、丈を短くしたり、寸法を小さくしたりする作業は、ほとんどの場合可能である。一般的に、スカート丈の長さを短くすることを「丈[87]」という。

c．一般的に高価格商品の縫い代幅は[88]。ただし、高価格商品であってもシルエットに応じて仕立て方が異なるため、必ずしも価格と縫い代幅が比例するとは限らない。

d．ジャケットの袖丈を長くすることを依頼された場合、袖口の[89]を確認して対応しなければならない。

e．反身体型、屈身体型のように、姿勢の良し悪しが原因で起きるジャケットやコートなどのしわの対策としては、商品の[90]の位置をずらして調整する。

ア	狭い	イ	つめ	ウ	縫い代	エ	デザイン	オ	上げ
カ	広い	キ	バランス	ク	肩パッド	ケ	ステッチ	コ	ボタン

問19　下記は、アパレル生産工程の流れです。［　　］の中にあてはまる言葉を、語群〈ア〜コ〉から選び、解答番号の記号をマークしなさい。

《アパレル企画》

①情報収集

↓

②情報分析

↓

③基本デザイン・デザイン展開

↓

④［91］・付属選択・サンプル縫製仕様書

↓

⑤［92］

↓

⑥生産・販売会議

↓

⑦サイズ・数量・納期決定

↓

⑧工場決定

↓

⑨［93］・各種指示書作成

↓

⑩資材手配発送

《生産設計・製造工程》

①資材受入れ・検査・数量確認

↓

②製造指示書作成

↓

③生産日程・製造会議

↓

④製造ライン

（［94］→放縮→縮絨→［95］→延反→裁断→仕分け→芯はり→縫製→特殊ミシン→まとめ→検査→仕上げ）

↓

⑤出荷

ア	検針	イ	ファースト パターン	ウ	価格決定	エ	サンプル メーキング
オ	工程分析表	カ	縫製仕様書	キ	検反	ク	染色
ケ	マーキング	コ	プレス				

問20　下記a～eは、CAM・CADの知識に関する文章です。［　　］の中にあてはまる言葉を、語群〈ア～コ〉から選び、解答番号の記号をマークしなさい。

a．アパレルCADによる［ 96 ］には、端点の移動方向と距離を一覧にまとめて一定のルールによって展開する方法と、画面上のパターンに幅出し線・丈出し線を引き、各線で拡大・縮小する数値を入力する切り開き方式がある。

b．ファーストパターンで作成した衣服の形状を正確に把握し、パターンチェックするためには、パターンを［ 97 ］で描き出し、シーチングに写してピン組み立て、またはミシンで縫い上げたものを工業用ボディに着せてデザインやシルエットを確認・修正する必要がある。

c．アパレルCADで作成したパターンデータは、素材を裁断するための［ 98 ］、パターン上に描かれた内部線、記号、名称、さらにパターンの品番やサイズ情報、パーツ枚数、パーツの上下指示など、裁断と縫製に必要な情報で構成されている。

d．企画・製造部門における製品の設計、生産計画、生産管理など、生産のすべてのプロセスをコンピュータで総合的に管理する企業情報システムを［ 99 ］と呼んでいる。

e．パターンメーキングソフトは、パターン展開から表地用・裏地用・芯地用などのフルパターンを作成して、［ 100 ］の工業用パターン作成までを行う。

ア	CAM	イ	縫い代付き	ウ	布目線	エ	CIM
オ	デジタイザー	カ	パターン外周線	キ	カッティング	ク	プロッター
ケ	印付き	コ	グレーディング				

第57回ファッション造形知識［Ⅱ］

〈正解答〉

解答番号		解答	解答番号		解答	解答番号		解答
問 1	1	イ	問 8	36	ア	問15	71	ケ
	2	カ		37	コ		72	キ
	3	キ		38	カ		73	カ
	4	ア		39	エ		74	ア
	5	オ		40	ウ		75	エ
問 2	6	カ	問 9	41	エ	問16	76	ウ
	7	エ		42	ア		77	ア
	8	オ		43	ク		78	ア
	9	ウ		44	オ		79	ア
	10	キ		45	カ		80	ウ
問 3	11	イ	問10	46	キ	問17	81	ア
	12	ア		47	オ		82	キ
	13	ア		48	ケ		83	カ
	14	ウ		49	ウ		84	ウ
	15	ア		50	コ		85	オ
問 4	16	オ	問11	51	ウ	問18	86	キ
	17	エ		52	イ		87	イ
	18	コ		53	ア		88	カ
	19	ウ		54	イ		89	ウ
	20	ケ		55	ウ		90	ク
問 5	21	イ	問12	56	ア	問19	91	イ
	22	ア		57	イ		92	エ
	23	ア		58	ア		93	カ
	24	ウ		59	ア		94	キ
	25	イ		60	ウ		95	ケ
問 6	26	ウ	問13	61	エ	問20	96	コ
	27	ア		62	コ		97	ク
	28	イ		63	ア		98	カ
	29	イ		64	ウ		99	エ
	30	ウ		65	キ		100	イ
問 7	31	ク	問14	66	ア			
	32	エ		67	イ			
	33	ア		68	ア			
	34	カ		69	イ			
	35	キ		70	ア			

第58回

ファッションビジネス知識［Ⅱ］

問１　下図は、ファッションアパレル企業の事業特性の図です。［　　］の中にあてはまる言葉を、語群〈ア～コ〉から選び、解答番号の記号をマークしなさい。（解答番号３、５はそれぞれ同一の言葉を２回使用）

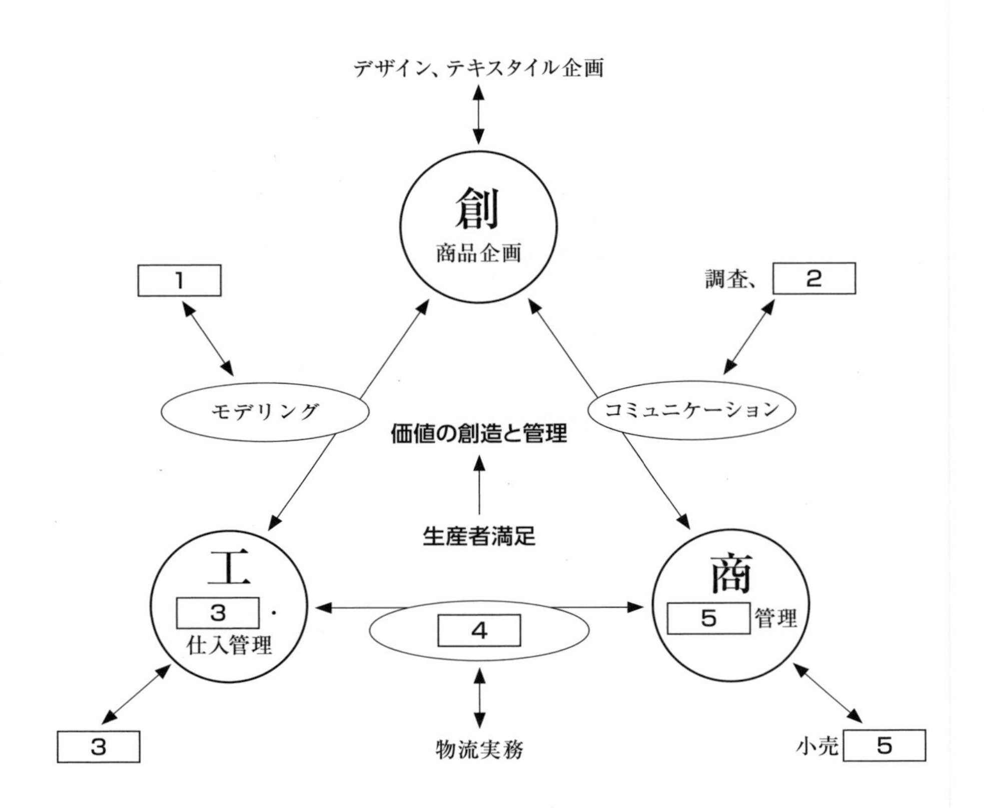

ア	サンプル作成	イ	生産	ウ	リンキング	エ	プロモーション
オ	ロジスティクス	カ	輸出	キ	ピッキング	ク	販売
ケ	品揃え	コ	ニッター				

問2　下記ａ～ｅは、繊維ファッション産業の歴史に関する文章です。正しいものには解答番号の記号アを、誤っているものには記号イをマークしなさい。

ａ．19世紀後半のフランスでは、化合繊工業が盛んであった。　6

ｂ．1970年代に、今日のＤｔｏＣの原型となったＤＣアパレル企業が出てきた。　7

ｃ．1980年代に入ると、アメリカのチェーンストアに影響を受けて、日本国内の量販店が急成長し、大型化・チェーン化を行い始めた。　8

ｄ．1990年代には、ＳＰＡやセレクトショップなどが支持される一方で、消費者は価格追求型ビジネスにも惹かれていった。　9

ｅ．2010年代には、東日本大震災、天候異変や社会問題などが人々に大きな心理的・経済的な変化を与え、環境や生活に対する想いから消費のスタイルも変わり、スペンドシフトが進んだ。　10

問3　下記のａ～ｅは、近年のファッションビジネス動向に関する文章です。それぞれの文章にあてはまる言葉を、語群〈ア～コ〉から選び、解答番号の記号をマークしなさい。

ａ．ファッションは、ガーデニング用品から家電までと様々であるという捉え方。 11

ｂ．2000年頃から経済産業省により行われている３Ｒ政策に加えて、企業独自のＲを増やしている例で、形やデザインやサイズなどを変えて別の用途に活用すること。 12

ｃ．ファッション企業の中でも多く取り入れられている、国際的な共通意識として国連が掲げている目標。 13

ｄ．月間や年間などの一定期間内に金銭的契約を行い、商品を借りたりサービスを受けたりすることができるサービス。 14

ｅ．非接触型の自動認識技術で、物流において商品のトラッキング、検品、防犯、レジでの会計作業などに活用されているＩＣタグの一種。 15

ア	コンストラクション	イ	広義のファッション	ウ	ＲＦＩＤ
エ	サブスクリプション	オ	ＲＥＧＥＮＥＲＡＴＩＯＮ	カ	狭義のファッション
キ	ＱＲ	ク	ＲＥＦＯＲＭ	ケ	SDGs17の目標
コ	SDGs15の目標				

問4　下記a～eは、ファッション生活・ファッション市場・ファッション消費に関する文章です。［　　］の中にあてはまる言葉を、語群〈ア～コ〉から選び、解答番号の記号をマークしなさい。

a．消費とは、「欲望の直接・間接の充足のために財貨を消耗する行為」であり、「［ 16 ］と表裏の関係をなす経済現象」のことである。

b．3R（スリーアール）とは、環境と経済が両立した循環型社会を形成していくための3つの取り組みである、［ 17 ］、Reuse、Recycleの頭文字をとったものである。

c．欲しいものを購入するのではなく、必要なときに借りればよい、他人と共有すればよいという考えを持つ人やニーズが増えている。このようなニーズに応える、物・サービス・場所などを、多くの人と共有・交換して利用する社会的な仕組みを［ 18 ］エコノミーという。

d．［ 19 ］効果とは、消費の効用への効果のうち、流行に乗ること自体の効果のことで、「人が持っているから自分も欲しい、流行に乗り遅れたくない」と言う心理が作用し、他者の所有や利用が増えるほど需要が増加する効果である。

e．アパレルやメイクアップ商品は、インテリア商品よりも［ 20 ］サイクルに変化する傾向がある。

ア	長	イ	短	ウ	サーキュラー	エ	シェアリング
オ	流通	カ	生産	キ	ヴェブレン	ク	バンドワゴン
ケ	Repair	コ	Reduce				

問５　下記のａ～ｅは、グローバルな視点でとらえたアパレル産業に関する文章です　　　　の中にあてはまる言葉を、それぞれの〈ア～ウ〉から選び、解答番号の記号をマークしなさい。

ａ．アパレルの業種の１つ。　**21**

ｂ．ヨーロッパの中でグローバルに展開するＳＰＡの代表的なブランドが生まれた国。　**22**

ｃ．異業種複合体のファッションビジネスを行っている組織。　**23**

ｄ．輸入総代理店契約を結んでアパレル商品を輸入したり、並行輸入を行ったりしている業態。　**24**

ｅ．大量生産・大量消費モデルをアパレルビジネスに持ち込んだ国。　**25**

21の語群	ア	ＳＰＡ企業	イ	百貨店	ウ	レザーウェアメーカー
22の語群	ア	スペイン	イ	ドイツ	ウ	フランス
23の語群	ア	コングロマリット	イ	アフォーダブル	ウ	グローバルＳＰＡ
24の語群	ア	エクスポーター	イ	インポーター	ウ	ディストリビューター
25の語群	ア	イギリス	イ	アメリカ	ウ	スウェーデン

問6　下記a～eは、繊維産業に関する文章です。[　　　]の中にあてはまる言葉を、それぞれの語群〈ア～ウ〉から選び、解答番号の記号をマークしなさい。

a．繊維品の原料生産は、原綿と原麻は農業、原毛は牧畜業、ポリマーは[26]に属す。

b．ニット生地メーカーが生産するものは、[27]である。

c．北陸の福井県を産地とする編みレースは、[28]である。

d．日本国内の綿織物の産地には、蒲郡や[29]などがある。

e．日本の[30]織物は、北陸の石川などが日本で最大の産地である。

26の語群	ア	石油化学工業	イ	製材業	ウ	養蚕業
27の語群	ア	丸編生地	イ	フェルト	ウ	成型品
28の語群	ア	トーションレース	イ	エンブロイダリーレース	ウ	ラッシェルレース
29の語群	ア	栃尾	イ	西脇	ウ	寒河江
30の語群	ア	化合繊	イ	毛	ウ	綿

問7　下記a～eは、小売業とSCに関する問題です。それぞれの設問に該当する解答を、それぞれの〈ア～ウ〉から選び、解答番号の記号をマークしなさい。

a．次のうち、同義語・類義語ではない組み合わせを選びなさい。　31

ア．オンラインショップ　—　ネットショップ

イ．ワンブランドショップ　—　アイテムショップ

ウ．マルチブランドストア　—　セレクトショップ

b．ＳＰＡが百貨店内で展開される場合、最も多い百貨店の売場を選びなさい。　32

ア．平場

イ．コーナー

ウ．ハコ

c．次のアメリカのＳＣのうち、最も店舗面積が大きいＳＣを選びなさい。　33

ア．ネイバーフッドＳＣ

イ．コミュニティＳＣ

ウ．リージョナルＳＣ

d．次のうち、１店舗の商圏が最も小さい業態を選びなさい。　34

ア．駅改札内のコンビニエンスストア

イ．ラグジュアリーブランドのフラッグシップショップ

ウ．東京都心の百貨店

e．次のうち、誤っている文章を選びなさい。　35

ア．ショールームストアでは、店頭在庫を持たずネットで販売する。

イ．無店舗販売には、訪販、通販、自動販売機などがある。ネット販売は訪販に該当する。

ウ．ＣtoＣとは、一般消費者同士がインターネット上で契約や決済を行い、モノやサービスを売買することである。

問8　下記a～eは、日本の服飾雑貨産業やファッション関連産業・機関に関する用語とその説明文です。［　　］の中にあてはまる言葉を、語群〈ア～コ〉から選び、解答番号の記号をマークしなさい。

a．［ 36 ］シューズ：合成皮革・人工皮革を素材とするシューズ。主に神戸・長田を中心にして生産されている。

b．地場産業：特定の地域にその立地条件を生かして定着し、特産品を製造している産業。結城の紬、鯖江の眼鏡枠、豊岡のかばん、［ 37 ］のタオル、丹後ちりめんなどがその例である。

c．ホーム［ 38 ］産業：家具やインテリア、カーテン、室内装飾品から照明、生活家電(白物家電）等、快適な住まいを作るための商品群を取り扱う産業。ホームファッション産業ともいう。

d．［ 39 ］：「皮」を鞣（なめ）して腐ったり固くなったりしないように加工して「革」をつくる業者。

e．［ 40 ］機構：日本の魅力ある商品・サービスの海外需要開拓に関連する支援・促進を目指し、2013年11月、法律に基づき設立された官民ファンド。

ア	日本ファッション・ウィーク推進	イ	クールジャパン	ウ	ケミカル	エ	スポーツ
オ	タンナー	カ	ウェア	キ	児島	ク	今治
ケ	ファニシング	コ	資材メーカー				

問9　下記a～eは、企業環境の分析方法に関する文章です。［　　］の中にあてはまる言葉を、それぞれの語群〈ア～ウ〉から選び、解答番号の記号をマークしなさい。

a．市場機会を分析する際に重要なファクターの３Ｃにあてはまらないものは、［41］である。

b．ＳＷＯＴ分析のＯは、［42］の略である。

c．［43］とは観察調査の１つで、エリアにいる人数を調べる調査方法のことである。

d．ＰＯＳから得られないデータとして、［44］などがある。

e．競合店に客を装って出向き、実際の買い物を行う過程で接客レベルやクレーム処理などの内容をリサーチすることを［45］という。

41の語群	ア	消費者	イ	コンセプト	ウ	企業
42の語群	ア	opportunity	イ	option	ウ	outstanding
43の語群	ア	スタイルカウント	イ	ストリートカウント	ウ	モードカウント
44の語群	ア	買上客数	イ	入退店人数	ウ	販売エリアごとの売上
45の語群	ア	ブラインドショッパー	イ	ミステリーショッパー	ウ	シークレットショッパー

問10　下記ａ～ｅは、ファッション企業のマーケティング活動に関する文章です。［　　］の中にあてはまる言葉を、語群〈ア～コ〉から選び、解答番号の記号をマークしなさい。

ａ．今日のファッション企業にとって、マーケティング戦略の遂行は「顧客が価値として認識するブランドを構築するための企業活動」すなわち［ 46 ］を実践することである。

ｂ．［ 47 ］とは、「企業が売上や収益を上げるための、事業の構造や仕組み」のことである。

ｃ．ＳＷＯＴ分析とは、自社ブランドの市場機会を最大にするために、自社の［ 48 ］、市場環境における機会と脅威を総合的に分析することである。

ｄ．［ 49 ］とは、顧客が体験する価値のことである。商品やサービスの機能や価格などはもとより、ブランドイメージや、商品やサービスの購入前後のサポートなど、自社の商品やサービスに関連する顧客体験も含まれる。

ｅ．ブランドポジショニングを行う際、［ 50 ］は、対極に用いられることが多い。

ア	プレステージとボリューム	イ	コンテンポラリーとアップトゥデート	ウ	実店舗とウェブサイト	エ	強みと弱み
オ	ブランディング	カ	ブランドエクイティ	キ	ビジネスモデル	ク	ドメイン
ケ	ＣＶ	コ	ＣＸ				

問11　下記a～cは、小売業のマーケティングに関する文章です。［　　］の中にあてはまる用語を、語群〈ア～コ〉から選び、解答番号の記号をマークしなさい。

a．近年の消費市場は消費者主権といわれる。この要因の１つとして、ＳＮＳ(ソーシャル・［51］・サービス）上でのユーザーの使用した感想やインフルエンサーのレビューなどが購買行動に与える影響力の増大が挙げられる。

b．コロナ禍ではファッション販売においてもＥＣ（［52］・コマース）化率が上昇傾向にある。一方、低迷が叫ばれるリアル店舗ではあるが、だからといって顧客に闇雲に売ろうとする姿勢は慎むべきである。これからは訪れた顧客に対して素晴らしいＵＸ(［53］・エクスペリエンス）の提供が重要となる。

c．今や消費者は「商品を買う」以外にも、一定期間利用できる権利に対して料金を支払う［54］・サービスや［55］アプリを介して所有物を個人間で取引するなど、さまざまな選択肢を有するに至っている。

ア	ユーザー	イ	エレクトリック	ウ	サーキュラー
エ	レンダリング	オ	ネットワーキング	カ	フリマ
キ	サブスプリクション	ク	エレクトロニック	ケ	ユーティリティー
コ	ネーション				

問12　下記ａ～ｅは、インターネットとマーケティングに関する文章です。それぞれの設問に該当する解答を、それぞれの〈ア～ウ〉から選び、解答番号の記号をマークしなさい。

ａ．ネットショップのダイレクトマーケティングに当てはまる手法を選択しなさい。　56

ア．先行受注販売

イ．チラシの街頭配布

ウ．ポップアップショップの出店

ｂ．クリック数に応じて課金されるインターネット広告を選択しなさい。　57

ア．デジタルサイネージ広告

イ．テキスト広告

ウ．ＰＰＣ広告

ｃ．検索エンジン最適化の略語を選択しなさい。　58

ア．ＳＥＯ

イ．ＳＥＭ

ウ．ＳＣＭ

ｄ．キャッシュレス対応の中で、後払い方式を選択しなさい。　59

ア．プリペイド

イ．キャッシュオンデリバリー

ウ．ポストペイ

ｅ．消費者購買モデルのＡＩＳＡＳのＩに当てはまる単語を選びなさい。　60

ア．Ignore

イ．Interest

ウ．Inform

問13　下記a～eは、アパレルマーチャンダイジングに関する問題です。それぞれの設問に該当する解答を、それぞれの〈ア～ウ〉から選び、解答番号の記号をマークしなさい。

a．期中商品企画の特徴を述べている文章を選びなさい。　61

ア．ブランドイメージを象徴している定番品の商品を企画する。

イ．コレクション作品を商品化して、見せ筋商品として展開する。

ウ．店頭の顧客動向を判断して、タイムリーに商品を企画し、クイックリーに生産する。

b．ファッション・マーチャンダイジングでは、商品をベーシック商品、シーズン商品、短サイクルトレンド商品に分類することがある。短サイクルトレンド商品の比率が最も高いと思われるブランドを選びなさい。　62

ア．トラディショナルテイストのメンズブランド

イ．セレクトショップのオリジナルブランド

ウ．ファストファッションのブランド

c．アパレルマーチャンダイジングの業務フロー上で、デザイン業務の前に行われる業務を選びなさい。　63

ア．パターンメーキング

イ．生産発注

ウ．ファッション予測

d．春夏と秋冬を比較して、秋冬の方が春夏よりもアイテム構成比率が高いと思われるアイテムを選びなさい。　64

ア．タンクトップ

イ．ローゲージ・セーター

ウ．ショートパンツ

e．次のうち、誤っている文章を選びなさい。　65

ア．プライベート・オケージョンで展開するレディスブランドは、同一グレードで、ソーシャル・オケージョンで展開するレディスブランドよりも、原価が高くなる傾向がある。

イ．スーツを主体とするブランドは、カジュアルブランドと比較して、サイズ展開を多くする傾向がある。

ウ．ＳＰＡでは、マンスリーマーチャンダイジング、ウイークリーマーチャンダイジングが行われることが多い。

問14　下記a～eは、リテールマーチャンダイジングとバイイングに関する文章です。［　　］の中にあてはまるものを、それぞれの〈ア～ウ〉から選び、解答番号の記号をマークしなさい。

a．マーチャンダイジングは、もともと［ 66 ］で使われていた用語である。

ア．メーカー

イ．ホールセラー

ウ．リテーラー

b．セレクトショップにおいて掛率60％で仕入れた商品を20％ＯＦＦで販売した場合、粗利益率は値入率よりも［ 67 ］ポイント下がる。

ア．15

イ．20

ウ．25

c．「ファブレスメーカー」とは、自社で［ 68 ］を持たない製造業を指す造語である。

ア．企画機能

イ．生産施設

ウ．保管庫

d．「パレートの法則」では「売上げの80％は上位［ 69 ］％の商品から生まれる」としているが、定量的に把握されているケースは必ずしも多くない。

ア．20

イ．40

ウ．70

e．ファッションビル内のテナントショップで、消化仕入条件で売場展開されているアパレル卸売ブランドの商品の所有権は［ 70 ］側にある。

ア．ファッションビルのディベロッパー

イ．テナントショップ

ウ．アパレル卸売ブランド

問15　下記a～eは、MDを支援するVMDなどの施策に関する文章です。[　　] の中にあてはまるものを、語群〈ア～コ〉から選び、解答番号の記号をマークしなさい。

a．成熟化した現在のファッション市場においては [71] 、すなわち「顧客自身も気づいていない無意識の心理」を洞察しての商品提案が求められる。

b．カスタマー [72] ・マップは、顧客の商品認知から購入までに発生する感情や行動などを時系列で可視化することにより、各段階での顧客の状態を理解することでマーケティングに役立てる。

c．例えば売り場に観葉植物を置くなどの施策は、「人間は本能的に自然とのつながりを求める」という [73] の考えに基づいている。

d．[74] 効果は「ステーキを焼く時のジュウジュウという音が食欲をそそる」といった効果のことである。売場においてもＢＧＭやフレグランスで消費者の五感を刺激することは効果的といえる。

e．人間の大脳は左脳と右脳に分かれているが、それぞれがつかさどる機能からすると、ＶＭＤ実施段階における施策のうち、[75] は主に右脳に訴求するということになる。

ア	バイオフィリア	イ	サティスファクション	ウ	インサイト
エ	ハロー	オ	ＶＰ	カ	バイオマス
キ	ポテンシャル	ク	ジャーニー	ケ	ＩＰ
コ	シズル				

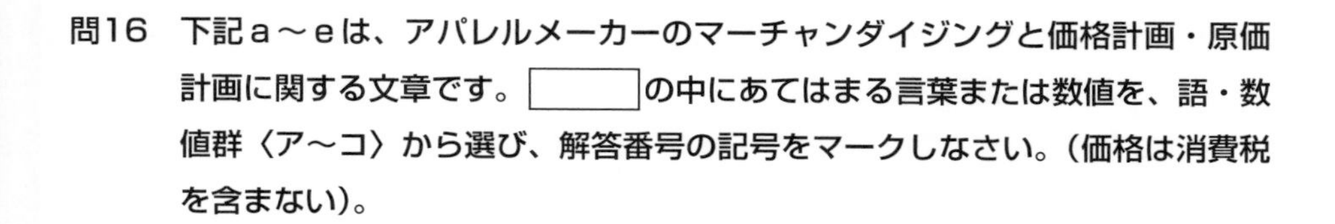
問16　下記a～eは、アパレルメーカーのマーチャンダイジングと価格計画・原価計画に関する文章です。[　　]の中にあてはまる言葉または数値を、語・数値群〈ア～コ〉から選び、解答番号の記号をマークしなさい。（価格は消費税を含まない）。

a．基準価格は、建値、または[76]価格ともいい、生産や販売の目安となる単位当たりの価格で、値引きされる以前の本来の価格を言う。

b．原価率が25％の場合の上代率は、[77]％である。

c．原価率が25％の商品を、50％の掛率で小売店に卸した場合の粗利益率は、[78]％である。

d．１ｍ当たり1000円の生地、要尺1.5ｍ、属工賃1200円、付属代200円の布帛シャツの原価は、[79]円である。

e．今年度冬物展示会におけるコートは、合計500着を生産する予定である。コートの平均上代は４万円、平均原価は１万円である。建値消化率を60％、平均掛率を60％と想定した場合、メーカーとしての正規上代売上高は[80]万円となる。

ア	オープン	イ	プロパー	ウ	25	エ	50	オ	75
カ	300	キ	400	ク	720	ケ	2700	コ	2900

問17　下表は、ファッション関係の一部の見本市とその展示アイテム・開催国・開催時期を一覧化したものです。［　　］の中にあてはまる言葉を、語群〈ア～コ〉から選び、解答番号の記号をマークしなさい。

見本市名	展示アイテム	開催国	開催時期
TRANOÏ	81	フランス	実需の約半年前
82	アパレル	アメリカ	実需の約半年前
83	テキスタイル	フランス	実需の約 84
JFW JAPAN CREATION	85	日本	

ア	半年前	イ	1年前	ウ	ヤーン	エ	テキスタイル
オ	アパレル	カ	Premiere Vision	キ	EXPOFIL	ク	Lineapelle
ケ	rooms PARK	コ	WWDMAGIC				

問18　下記ａ～ｅは、アパレル生産管理に関する用語の説明文です。それぞれの説明文に該当する用語を、語群〈ア～コ〉から選び、解答番号の記号をマークしなさい。

ａ．発注してから納品までに要する期間。　**86**

ｂ．相手先企業のブランドを付けて販売される商品を、デザインや使う素材・生産背景までを決めて提案し受注生産すること。　**87**

ｃ．注文を受けてから製品を製造する生産形態。　**88**

ｄ．品質管理のこと。不良品を顧客に提供することがないように、製品の品質を一定のものに安定させ、かつ向上させるための様々な管理。　**89**

ｅ．サイズのバリエーションをつくるために、型紙を拡大・縮小すること。　**90**

ア	グレーディング	イ	マーキング	ウ	クオリティ・コントロール	エ	プロダクト・マネジメント
オ	ＯＥＭ	カ	ＯＤＭ	キ	リードタイム	ク	デリバリーターム
ケ	受注生産	コ	見込み生産				

問19　下記a～eは、アパレル物流に関する文章です。それぞれにあてはまる言葉を、語群〈ア～コ〉から選び、解答番号の記号をマークしなさい。

a．返品物流や廃棄物流のこと。　**91**

b．商品を倉庫や物流センターに運び入れ、仕分けや出荷を行う業務のこと。　**92**

c．物流倉庫や車両などを保有せず、物流サービスを提供する物流業者の形態のこと。　**93**

d．倉庫でどこに商品があるのかを管理する手法のこと。　**94**

e．倉庫において指示された商品を保管場所から取り出す作業のこと。　**95**

ア	動脈物流	イ	荷役	ウ	ピッキング	エ	ノンアセット型
オ	輸送	カ	ロケーション管理	キ	保管	ク	静脈物流
ケ	アセット型	コ	業務管理				

問20　下記a～eは、ＳＣＭ（サプライチェーンマネジメント）に関する文章です。それぞれの文章の［　　］の中に該当する語句をそれぞれの〈ア～ウ〉から選び、解答番号の記号をマークしなさい。

a．ＳＣＭは、サプライチェーンの全体最適化により［ 96 ］の最大化を実現することが目的となる。

ア．キャッシュフロー

イ．売上

ウ．資産

b．ＳＣＭは、［ 97 ］削減と販売機会ロスの極小化という、二律背反した内容に対する最適解を見出す働きかけといえる。

ア．不良品

イ．返品

ウ．在庫

c．ＦＳＰ（フリークエント・ショッパーズ・プログラム）は、それぞれの層別に最適となるサービスを提供し、［ 98 ］を囲い込んでいく取り組みである。

ア．インフルエンサー

イ．優良顧客

ウ．ユーチューバー

d．チェックデジットは、番号などの入力や読み取りの誤りを検知するために付加される検査用の数字のことであり、ＪＡＮコードでは［ 99 ］桁の数字が用いられる。

ア．1

イ．2

ウ．3

e．ＲＦＩＤは、［ 100 ］を介して情報を読み取る非接触型の自動認識技術のことである。

ア．インターネット

イ．電波

ウ．ＧＰＳ

問21　下記ａ～ｅは、某アパレルメーカー・ブランドの本年９月度の計数計画に関する問題です。それぞれの設問に該当する数値を、数値群〈ア～コ〉から選び、解答番号の記号をマークしなさい。

ａ．フラッグシップショップであるＡ店は、40坪の面積で展開している。９月度の店頭目標売上高を1200万円に設定した。９月度の目標坪効率を求めなさい。　101 万円

ｂ．ＳＣ内のＢ直営店は、15坪の面積で展開しており、９月度の売上高は600万円であった。売上歩合で歩率10％の賃貸借契約であったとして、９月度の家賃を求めなさい。　102 万円

ｃ．Ｃ百貨店とは、返品条件付き買取りで取引しており、９月度は上代で700万円分を納品する一方で、上代で200万円分の返品を受ける予定である。掛率が60％であるとして、自社（アパレルメーカー）の９月度売上高を求めなさい。　103 万円

ｄ．Ｄ小売店との取引による９月月末の売掛金は300万円であった。10月度は200万円の売上、250万円の回収を計画している。10月月末の売掛金を求めなさい。　104 万円

ｅ．Ｅオンラインショッピングサイトにおける９月度の売上は800万円であった。販売手数料率が25％であったとして、９月度の販売手数料を求めなさい。　105 万円

ア	9	イ	30	ウ	40	エ	60	オ	200
カ	250	キ	300	ク	350	ケ	500	コ	600

問22　下記a～eは、アパレル営業担当者の業務です。それぞれの業務に関する文章のうち、正しいものを、それぞれの〈ア～ウ〉から選び、解答番号の記号をマークしなさい。

a．新規取引先の開拓　106

ア．新規取引先と取引を開始するにあたって、通常は信用調査を行う。

イ．新規取引先と取引を開始するにあたって、通常は担当バイヤーに手数料を支払う。

ウ．新規取引先と取引を開始するにあたって、通常は保証金を支払ってもらう。

b．小売店からの受注　107

ア．展示会でバイヤーに記入してもらうための受注書を作成する際に、品番ごとに上代と掛率を記載する。

イ．得意先を巡回する際に売上代金の請求書を受け取る。

ウ．展示会開催後、取引小売店別の受注金額を集計する。

c．デリバリー管理　108

ア．卸販売先からの返品商品が物流センターに入荷した際、直ちに仕入を計上する。

イ．得意先に商品を発送する際、通常は領収書を同封する。

ウ．いつ、どの商品を、どこに、どれだけ、どのようにして納品するのか、営業担当者は物流部門に対して出荷の指示をする。

d．百貨店インショップへの営業　109

ア．消化取引で営業する場合は、百貨店への納品時点で売上げが発生する。

イ．消化取引で営業する場合は、店頭での商品の紛失は、メーカー側の損失となる。

ウ．消化取引で営業する場合は、百貨店に賃料を支払う。

e．代金回収　110

ア．小売店に対する売掛金は債権になる。

イ．与信限度を超えた金額を販売した場合は、現金ではなく手形で取引する。

ウ．「20日〆翌月10日払い」の条件で、10月25日に小売店に商品を販売した時、その販売した商品の代金は11月10日に振り込まれる。

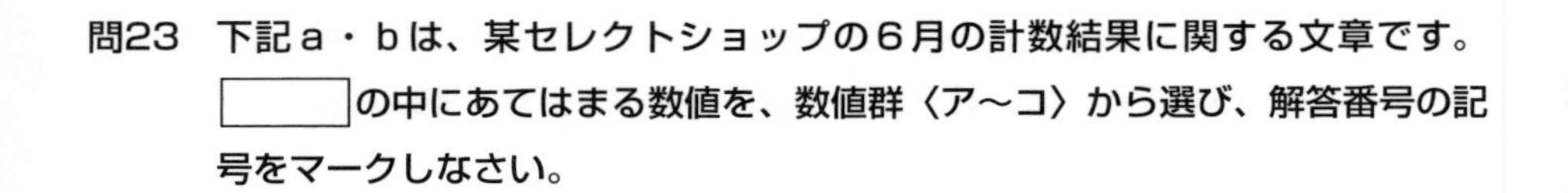

問23　下記ａ・ｂは、某セレクトショップの６月の計数結果に関する文章です。［　　］の中にあてはまる数値を、数値群〈ア～コ〉から選び、解答番号の記号をマークしなさい。

ａ．このショップの６月の売上高は［ 111 ］万円、売上原価は468万円であったので、粗利益率は35％ということになる。また、前年同月の売上高は［ 112 ］万円なので前年対比は125％となる。

ｂ．なお、同ショップの売場面積は［ 113 ］坪（＝99㎡）、坪効率に換算すると［ 114 ］万円となり競合店に比して決して高いとはいえないが､販売スタッフは４人であったので、販売スタッフ効率は［ 115 ］万円と設定目標はクリアしている。

ア	20	イ	24	ウ	30	エ	36	オ	180
カ	240	キ	576	ク	623	ケ	680	コ	720

問24　下記ａ～ｅは、多店舗運営に関する文章です。［　　］の中にあてはまるものを、それぞれの〈ア～ウ〉から選び、解答番号の記号をマークしなさい。

ａ．昨年度２月に２店舗を初出店した某ＳＰＡチェーンは、その後４月に３店舗、８月に１店舗、10月に４店舗、さらに今年に入って５月に３店舗の新規出店を行った。したがって今年の９月終了時点での既存店数は［116］店舗ということになる。

ア．６

イ．10

ウ．13

ｂ．ＳＰＡチェーン運営では効率的なロジスティクスが重要となる。なおロジスティクスは本来、［117］用語である。

ア．広告業界

イ．軍隊

ウ．輸送業界

ｃ．BOPISとクリック＆コレクトを比べると、顧客にとって前者の方が［118］といえる。

ア．受け取り場所の選択肢が多い

イ．購入する場所の選択肢が多い

ウ．受け取る場所が、より限定される

ｄ．ドミナント戦略による出店政策には、［119］というメリットがある。

ア．特定地域内の急激な環境変化に対するリスクが小さい

イ．既存店舗のノウハウを海外への出店時に流用しやすい

ウ．当該地域に競合他社が出店しづらくなる

ｅ．［120］は、単独店にも多店舗展開小売業にも存在し得る職種といえる。

ア．スーパーバイザー

イ．デコレーター

ウ．ディストリビューター

問25　下記ａ～ｅは、ネットショップ運営に関する文章です。それぞれの設問に該当する解答をそれぞれの〈ア～ウ〉から選び、解答番号の記号をマークしなさい。

ａ．ＵＸの内容にあてはまらないものを選びなさい。　121

ア．商品説明のフォントが読みやすい。

イ．購入までの流れがわかりやすい。

ウ．商品が安くて購入しやすい。

ｂ．オンラインモールなどに出店している際に支払う売上に対する料金を選びなさい。　122

ア．ロイヤリティ

イ．アフィリエイト

ウ．プレミアム

ｃ．検索エンジンで検索されたキーワードに対応して、検索結果ページに掲載される有料広告を選びなさい。　123

ア．バナー広告

イ．リスティング広告

ウ．テキスト広告

ｄ．ＳＮＳの投稿で、広告ではなく通常の投稿を指す言葉を選びなさい。　124

ア．エシカル

イ．オーガニック

ウ．アフィリエイト

ｅ．月間のアクティブユーザーの略称を選びなさい。　125

ア．ＭＡＵ

イ．ＵＵ

ウ．ＰＶ

問26　下記ａ～ｅは、ファッション企業のプロモーションに関する文章です。それぞれの設問に該当する解答を、それぞれの〈ア～エ〉から選び、解答番号の記号をマークしなさい。

ａ．コストが高く、競合が多いことがデメリットで、検索連動型広告やタイアップなどを行うメディアを選びなさい。 126

ア．オウンドメディア
イ．ペイドメディア
ウ．マルチメディア
エ．アーンドメディア

ｂ．コントロール不可のためリスクマネジメントが重要となる、個人のサイトやＳＮＳなどのメディアを選びなさい。 127

ア．オウンドメディア
イ．ペイドメディア
ウ．マルチメディア
エ．アーンドメディア

ｃ．商品やサービスの有料媒体を用いたノンパーソナルな促進にあてはまらないものを選びなさい。 128

ア．ロビー活動
イ．アフィリエイト
ウ．交通広告
エ．マスコミ広告

ｄ．ＰＲの機能として、重視されていることを選びなさい。 129

ア．坪効率
イ．人的販売
ウ．危機管理
エ．バナー広告

ｅ．商品やサービスの無料媒体を用いたノンパーソナルな促進を選びなさい。 130

ア．ディスクロージャー
イ．パブリシティ
ウ．セールスプロモーション
エ．インセンティブ

問27　下記a～eは、ショップのプロモーション計画に関する文章です。それぞれの設問に該当する解答を、それぞれの〈ア～ウ〉から選び、解答番号の記号をマークしなさい。

a．新規店舗のオープン前のプロモーション内容として適している内容を選びなさい。

131

ア．サンキューメール

イ．DM

ウ．クレーム対応

b．ウェブサイトのメリットでないものを選びなさい。

132

ア．ワンウェイメディアであるため、消費者とダイレクトに情報交換を行うことができる。

イ．オンライン上での展開のため、遠方・外出先からアクセスができる。

ウ．複数の店舗を持っている場合、多店舗での情報共有ができる。

c．シーズン商品の立ち上がりに行うプロモーションでないものを選びなさい。

133

ア．スタイリストやメディア関係者を招待するイベント

イ．TVのスポット広告

ウ．誕生日メールの配信

d．スプリングに適しているプロモーションを選びなさい。

134

ア．ハロウィン

イ．初売り

ウ．ひな祭り

e．6月と並ぶ結婚シーズンで、ブライダルキャンペーンを行う時期を選びなさい。

135

ア．ミッドサマー／盛夏

イ．オータム／秋

ウ．ウィンター／冬

問28　下記のa～eは、職種別の業務内容と自己啓発・自己管理に関する文章です。それぞれの文章にあてはまる言葉を、それぞれの〈ア～ウ〉から選び、解答番号の記号をマークしなさい。

a．多店舗チェーン展開をしている企業で、店舗ごとの売上規模や在庫状況に合わせて、アイテムごとの分配数量と時期を決定する職種のこと。　136

ア．スーパーバイザー

イ．ディストリビューター

ウ．ショップマネジャー

b．アパレルメーカーのブランド別商品企画部門の責任者。　137

ア．バイヤー

イ．マーチャンダイザー

ウ．グレーダー

c．商品や写真の貸し出し、取材のアレンジメント、記者発表、ショーや展示会の企画、デザイナーの秘書業務など、広報と販促の多様な仕事をする担当者のこと。　138

ア．モデリスト

イ．ファッションコーディネーター

ウ．アタッシェドプレス

d．ファッション企業の人材に求められる「５つの要素」でファッション、スタイリングなどに対する感覚にあたる要素。　139

ア．理性

イ．感性

ウ．排他性

e．店頭での接客と販売から得られないこと。　140

ア．顧客ニーズを知る。

イ．売り場を理解する。

ウ．取引先を把握する。

問29　下記a～eは、企業経営に関する文章です。[　　] の中にあてはまる言葉を、それぞれの語群〈ア～ウ〉から選び、解答番号の記号をマークしなさい。

a．マネジメント（経営管理）とは、[141]（人、物、金、情報）を調達し、効率的に配分し、適切に組み合わせる体系的な諸活動である。

b．ＰＤＣＡサイクルとは、経営管理におけるＰＬＡＮ、ＤＯ、[142]、ＡＣＴＩＯＮの一連の流れを示したものをいう。

c．[143] とは、指揮機能を担う個人が、組織の目標を達成するために、チームや部門のメンバーに働きかけて、積極的・自発的に業務が遂行できるように影響力を及ぼし、各人の能力が十分に発揮できるように指導・援助する能力のことである。

d．企業は営利を追求する存在であると同時に、直接かかわる人々(消費者、取引先、株主、従業員など)に対する責任に加えて、地域社会への貢献、環境問題への配慮、文化振興・教育振興への貢献を行うなど、企業が市民として果たす社会的責任(＝[144])も求められる。

e．労働三法のうち、労働条件について使用者と対等の立場で交渉することができるように、労働者の団結権、団体交渉権、団体行動を行う権利などを定めているのは、[145] である。

語群						
141の語群	ア	経営資源	イ	経営者	ウ	経営組織
142の語群	ア	CHECK	イ	CONSENSUS	ウ	COMMUNICATION
143の語群	ア	アセスメント	イ	リーダーシップ	ウ	オペレーション
144の語群	ア	ＣＤＰ	イ	ＣＲＭ	ウ	ＣＳＲ
145の語群	ア	労働基準法	イ	労働組合法	ウ	労働関係調整法

問30　下記のａ～ｅは、ＩＴ基礎知識に関する文章です。それぞれの文章にあてはまる言葉を、それぞれの〈ア～ウ〉から選び、解答番号の記号をマークしなさい。

ａ．モノや人の現在位置を測定するためのシステム。　146

ア．ＧＤＰ

イ．ＧＰＳ

ウ．ＦＳＰ

ｂ．情報漏れの原因とならないもの。　147

ア．ＰＣへのハッキング

イ．センサーの小型化

ウ．サイトの改ざん

ｃ．自社の店舗で、どの商品が、どれくらいの量、いつ売れたかなどの情報がわかるレジシステム。　148

ア．ＰＯＳ

イ．ＰＯＣ

ウ．ＰＯＰ

ｄ．企業のセキュリティ対策のガバナンス的アプローチ。　149

ア．電源のバックアップ

イ．アクセスログの取得

ウ．非常時マニュアルの作成

ｅ．個人データに関する一般データ保護規則であるＧＤＰＲが適用される地域。　150

ア．ヨーロッパ

イ．北米

ウ．ＥＵ

問31　下記a～cは、企業会計とビジネス計数に関する文章です。［　　　］の中にあてはまる言葉を、語群〈ア～コ〉から選び、解答番号の記号をマークしなさい。（解答番号154は、同一の言葉を２回使用）

ａ．貸借対照表について

貸借対照表は左右に分かれており、左側の借方と右側の貸方という。左側の借方には「資産の部」があり、企業のある時点における資産の額が表示される。右側の貸方には負債の部」と「純資産の部」があり、企業のある時点における負債と純資産の額が表示される。

資産は、その性質によって、流動資産と固定資産、繰延資産に大別される。流動資産には、現金、預貯金、［151］、前渡金、商品、半製品、原材料、仕掛品などがある。固定資産には、土地、建物、［152］、器具備品などの有形固定資産、特許権、商標権、借地権などの無形固定資産、投資その他の資産に分けられる。

負債は、流動負債と固定負債に大別される。流動負債には、［153］、未払金、前受金、短期借入金などがある。また固定負債には、長期借入金、社債などが該当する。

純資産とは、資産総額から負債総額を差し引いた正味資産額で、資本金、資本剰余金、利益剰余金などがある。

ｂ．損益計算書について

損益計算書に記載される利益は、次の計算式で求められる。

・売上総利益＝売上高－売上原価
・［154］＝売上総利益－販売費及び一般管理費
・経常利益＝［154］＋営業外収益－営業外費用
・税引前当期純利益＝経常利益＋特別利益－特別損失

ｃ．小売企業の決算について

小売企業の決算では、期首棚卸高＋商品仕入高－期末棚卸高＝［155］となる。

ア	粗利益	イ	受取配当金	ウ	売上原価	エ	売上高	オ	売掛金
カ	営業利益	キ	買掛金	ク	設備	ケ	のれん	コ	家賃

問32　下記a～eは、計数管理に関する計算問題です。［　　　］の中にあてはまる数値を、数値群〈ア～コ〉から選び、解答番号の記号をマークしなさい。（価格はすべて本体価格で税抜経理方式）

a．A小売店の来期の売上予算は30億円、変動費予算は21億円、固定費予算は８億1000万円である。損益分岐点売上高は［156］億円となる。

b．B小売店は、下代［157］円の商品を、定価の２割引で販売しても25％の粗利益率を得るために、上代を20000円に設定した。

c．Cアパレルメーカーの前年度売上高は120億円、今年度売上高は126億円であった。前年対比は［158］％となった。

d．Dアパレルメーカーの2021年度の売上高は［159］億円、期首売掛金が10億9000万円、期末売掛金が11億5000万円であった。年間の売掛金回転日数は56日となった。

e．Bアパレルメーカーの直営ネットショップの今月の売上高は4200万円であった。サイトアクセス数は６万アクセス、平均客単価は１万円であったため、転換率は［160］％となった。

ア	0.9	イ	5	ウ	7	エ	14.3	オ	27
カ	73	キ	105	ク	627	ケ	12000	コ	15000

問33　下記a～eは、ファッションビジネスの法務に関する用語とその説明文です。□の中にあてはまる言葉を、語群〈ア～コ〉から選び、解答番号の記号をマークしなさい。

a．［161］：当事者の一方に約束を履行する義務。例えば、金銭を借りた者が貸し手に対して、返済をしなければならない義務など。

b．［162］委員会：独占禁止法を運用するために設置された行政委員会で、内閣府の外局。

c．産業財産権：知的財産権のうちの、［163］権、実用新案権、意匠権及び商標権の4つをいい、新しい技術、新しいデザイン、ネーミングなどについて独占権を与え、模倣防止のために保護し、研究開発へのインセンティブを付与したり、取引上の信用を維持したりすることによって、産業の発展を図ることを目的にしている。

d．［164］：割賦販売や訪問販売などで消費者が事業者の営業所以外の場所で購入契約した場合に、一定期間であれば違約金なしで契約解除ができる制度。

e．［165］カード：個人に対する掛売りを保証し、代金支払い・代金回収の機能を持つカードのこと。

ア	デビット	イ	クレジット	ウ	クーリングオフ	エ	グッドウィル
オ	財務	カ	債務	キ	産業再生	ク	公正取引
ケ	著作	コ	特許				

問34　下記ａ～ｅは、グローバルビジネスと貿易に関する問題です。それぞれの設問に該当する解答をそれぞれの〈ア～ウ〉から選び、解答番号の記号をマークしなさい。

ａ．貿易が国内取引と相違する点に該当するものを選びなさい。　166

ア．取引価格が異なることが多い。

イ．通貨が異なることが多い。

ウ．取引先が異なることが多い。

ｂ．次のうち通常、セレクトショップの輸入業務に該当する内容を選びなさい。　167

ア．インポーターから仕入れる。

イ．国内デザイナーブランド企業から仕入れる。

ウ．ヨーロッパのアパレルメーカーから仕入れる。

ｃ．貿易取引の決済方法として用いられるもので、輸入者側の依頼によって、輸入者の取引銀行が発行し、輸入者側の支払いを保証する証書を選びなさい。　168

ア．船荷証券

イ．信用状

ウ．インボイス

ｄ．売り主が本船に荷物を積み込むまでの費用と運賃を負担し、保険料等は買い主が負担する、貿易条件の規則を選びなさい。　169

ア．ＣＦＲ

イ．ＣＩＦ

ウ．ＣＩＰ

ｅ．ＡＳＥＡＮ10ヵ国に該当しない国を選びなさい。　170

ア．ベトナム

イ．インドネシア

ウ．バングラデシュ

第58回ファッションビジネス知識[Ⅱ]

〈正解答〉

解答番号		解答	解答番号		解答	解答番号		解答
問1	1	ア	問8	36	ウ	問15	71	ウ
	2	エ		37	ク		72	ク
	3	イ		38	ケ		73	ア
	4	オ		39	オ		74	コ
	5	ク		40	イ		75	オ
問2	6	イ	問9	41	イ	問16	76	イ
	7	イ		42	ア		77	キ
	8	イ		43	ア		78	エ
	9	ア		44	イ		79	ケ
	10	ア		45	イ		80	ク
問3	11	イ	問10	46	オ	問17	81	オ
	12	ク		47	キ		82	コ
	13	ケ		48	エ		83	カ
	14	エ		49	コ		84	イ
	15	ウ		50	ア		85	エ
問4	16	カ	問11	51	オ	問18	86	キ
	17	コ		52	ク		87	カ
	18	エ		53	ア		88	ケ
	19	ク		54	キ		89	ウ
	20	イ		55	カ		90	ア
問5	21	ウ	問12	56	ア	問19	91	ク
	22	ア		57	ウ		92	イ
	23	ア		58	ア		93	エ
	24	イ		59	ウ		94	カ
	25	イ		60	イ		95	ウ
問6	26	ア	問13	61	ウ	問20	96	ア
	27	ア		62	ウ		97	ウ
	28	ウ		63	ウ		98	イ
	29	イ		64	イ		99	ア
	30	ア		65	ア		100	イ
問7	31	イ	問14	66	ウ			
	32	ウ		67	ア			
	33	ウ		68	イ			
	34	ア		69	ア			
	35	イ		70	ウ			

第58回ファッションビジネス知識［Ⅱ］

〈正解答〉

解答番号		解答	解答番号		解答
問21	101	イ	問28	136	イ
	102	エ		137	イ
	103	キ		138	ウ
	104	カ		139	イ
	105	オ		140	ウ
問22	106	ア	問29	141	ア
	107	ウ		142	ア
	108	ウ		143	イ
	109	イ		144	ウ
	110	ア		145	イ
問23	111	コ	問30	146	イ
	112	キ		147	イ
	113	ウ		148	ア
	114	イ		149	ウ
	115	オ		150	ウ
問24	116	ウ	問31	151	オ
	117	イ		152	ク
	118	ウ		153	キ
	119	ウ		154	カ
	120	イ		155	ウ
問25	121	ウ	問32	156	オ
	122	ア		157	ケ
	123	イ		158	キ
	124	イ		159	カ
	125	ア		160	ウ
問26	126	イ	問33	161	カ
	127	エ		162	ク
	128	ア		163	コ
	129	ウ		164	ウ
	130	イ		165	イ
問27	131	イ	問34	166	イ
	132	ア		167	ウ
	133	ウ		168	イ
	134	ウ		169	ア
	135	イ		170	ウ

第58回

ファッション造形知識［Ⅱ］

問1　下記a～eは、服装史の基礎知識に関する文章です。［　　］の中にあてはまる言葉を語群〈ア～ク〉から選び、解答番号の記号をマークしなさい。

a．英国出身のシャルル・フレデリック・ウォルトは、1858年パリに店を開き成功を収めた。彼は、［ 1 ］の創始者と言われており、フランス・モード産業近代化の推進者である。

b．1900年にパリ万博が開催された。この博覧会で注目を集めたのが［ 2 ］スタイルである。以降、20世紀初頭にかけて世界へ広がった。

c．1906年頃になるとコルセットを必要としない直線的なシルエットのドレスが登場する。その新しいスタイルを提案したのが［ 3 ］であり、彼が提案する新しいファッションは、人々の美意識と生活習慣を大きく変えた。

d．1920年代から30年にかけ世界中より才能あふれる芸術家がパリに集結し、芸術家たちはジャンルを超えて交流した。その中で生まれたのが、簡素で機能的な直線美を特徴とする［ 4 ］スタイルある。

e．1930年代に入ると不況が世界を覆い尽くし、肩パッドの入った細いドレスが流行した。当時活躍したデザイナーは、ジャージー素材のシンプルなドレスを提案した［ 5 ］である。

ア	アール・ヌーボー	イ	プレタポルテ	ウ	オートクチュール	エ	ココ・シャネル
オ	ポール・ポワレ	カ	ウイリアム・モリス	キ	S字ライン	ク	アール・デコ

問2　下記a～eは、「日本の現代服飾史」に関する文章です。正しいものには、解答番号の記号アを、誤っているものには、記号イをマークしなさい。

a．戦後、銀座に高級洋装店ができる。クリスチャン・ディオールの「ニュールック」の影響などもあり、女性の服装は大きく変化し洋裁学校も急増した。　6

b．1950年代は、映画「ローマの休日」などの主人公であるオードリー・ヘップバーンのファッションをモデルにしたスタイルが流行した。　7

c．1960年代には、ビートルズの影響でモッズファッション、愛と平和、自由と開放を唱えたパンクファッションが流行した。　8

d．1970年代に入るとファッション雑誌が立て続けに創刊され、それらの特集に影響を受けた若者たちが雑誌を片手に観光地へ押し寄せ「みゆき族」と呼ばれた。　9

e．1980年代に入るとファッションにお金をかける傾向が強まりアパレル業界は、急成長を遂げる。デザイナーズ・キャラクターブランドの総称「ＤＣブランド」が流行した。　10

問3　下記a～eは、ファッション企業のスタイリング計画に関する設問です。それぞれの設問に該当する文章を、それぞれの〈ア・イ〉から選び、解答番号の記号をマークしなさい。

a．アパレル企業のトータルコーディネート型ブランドの展示会で、より大切なことを選びなさい。　11

ア．シーズンに販売するサンプルをすべて集めて陳列し、その量の多さをアピールする。

イ．打ち出したいアイテムをコーディネート提案し、スタイリング・コンセプトを伝える。

b．アパレル企業の「受注会」の運営について正しいものを選びなさい。　12

ア．卸先が対象なので、一般的に営業部門が主催し、商品企画部門と販促部門が協力する。

イ．シーズンイメージを伝える場なので、広報宣伝部がすべてを運営する。

c．生活者の購買に対するモチベーションに合わせたスタイリング提案をするために、より必要なものを選びなさい。　13

ア．マンスリー・スタイリング計画に従い、毎月、店舗全体のフェイスチェンジを行う。

イ．春夏と秋冬のシーズン・スタイリング計画に従い、約半年間、同じ商品を提案する。

d．店での客単価を上げるために、お客様へのスタイリング提案で重要なものを選びなさい。

ア．アイテムをバランスよく組み合わせたコーディネート販売　14

イ．在庫が多くあるアイテムに絞った単品販売

e．メンズファッションのオフィシャルな場面でのスタイリング提案でより適しているものを選びなさい。　15

ア．個性を重視した、それぞれの場面で目立つ自由奔放なスタイリング

イ．装いのルールや伝統的背景を踏まえたうえでのスタイリング

問4　下記a・bは、店頭演出に関する文章です。［　　　］の中にあてはまる言葉を、語群〈ア～コ〉から選び、解答番号の記号をマークしなさい。（解答番号16は2回、17は3回、同じ言葉を使用）

a．コロナ禍での外出自粛要請は当然のようにリアル店舗に打撃となったが、そうした中でも3密回避という点で、商業施設内のショップより［ 16 ］の方が優位という現象が見られた。［ 16 ］の運営では特に店の顔ともいえる［ 17 ］の演出強化により集客力を高めることに留意する必要がある。

b．基本的な［ 17 ］演出の要素としては、視認性の高い［ 18 ］（＝電子看板）の設置、目を惹くショーウインドーの演出などがあるが、近年では建物に立体的な映像を投影し、既存の設備に変更を加えることなくダイナミックな視覚的演出ができる［ 19 ］の採用も見られる。このようにリアル店舗の［ 17 ］には、店の前を通行する人に対して情報伝達を媒介する［ 20 ］としての役割が増している。

ア	テナントショップ	イ	DX	ウ	メディア
エ	プロジェクションマッピング	オ	コートヤード	カ	デジタルサイネージ
キ	ペルソナ	ク	VRゴーグル	ケ	フリースタンディング
コ	ファサード				

問5　下記a～eは、アパレル商品に関する用語の説明文です。それぞれにあてはまる用語を、それぞれの語群〈ア～ウ〉から選び、解答番号の記号をマークしなさい。

a．格式の高いオーバーコートで、隠しボタン、ノッチドラペル、構築的なショルダーラインが特徴のコート。　21

b．分厚い肩パッド、立体的な胸回り、長めの着丈、厚地の素材と超構築的なスーツスタイル。　22

c．衿とカフス部分が白無地で、身頃などに柄が施されたシャツ。オン・オフどちらにも使用できるデザインパターンがあり、クールビズ用として確立されたデザインもある。　23

d．アイルランドの島を発祥とする、生成りを主体とした無地に、伝統的なダイヤや縄などの立体的な編み込み柄が特徴のセーター。　24

e．部分的に色を抜いたり全体の色を抜いたりムラを出したりする加工。　25

語群						
21の語群	ア	ポロコート	イ	チェスターコート	ウ	トレンチコート
22の語群	ア	アメリカン スタイル	イ	ヨーロピアン スタイル	ウ	ブリティッシュ スタイル
23の語群	ア	クレリックシャツ	イ	ドレスシャツ	ウ	ネルシャツ
24の語群	ア	アランセーター	イ	チルデンセーター	ウ	アーガイルセーター
25の語群	ア	クラッシュ加工	イ	ケミカルウォッシュ 加工	ウ	バイオウォッシュ

問6　下記は、アパレル商品に関する文章です。［　　］にあてはまる言葉を、語群〈ア～コ〉から選び、解答番号の記号をマークしなさい。

レディスウェア、メンズウェアとも、フォーマルウエアには、正礼装、準礼装、略礼装の3つのドレスコードがある。

正礼装は、格式の高い結婚式及び披露宴、記念式展、公式行事などで着用する。女性は昼であればアフタヌーンドレス、夜はイブニングドレスを、男性は昼であれば［ 26 ］、夜は［ 27 ］を着用する。

準礼装は、一般的な結婚式、披露宴、祝賀会、ビュッフェスタイルのパーティなどで着用する。女性は昼であればセミアフタヌーンドレス、夜はセミイブニングドレスを、男性は昼であれば［ 28 ］、夜は［ 29 ］を着用する。

略礼装は、形式にこだわらない結婚式、披露宴、平服指定のパーティなどで着用する。女性はニューフォーマル、男性はダークスーツなどを着用する。

また、レディスフォーマルウェアの弔事用として着用される礼服は喪服で［ 30 ］とも呼ばれている。

ア	ブラック フォーマル	**イ**	テールコート	**ウ**	アフタヌーン コート	**エ**	タキシード
オ	ビジネススーツ	**カ**	モーニングコート	**キ**	ディレクターズ スーツ	**ク**	ブレザー ジャケット
ケ	ダークフォーマル	**コ**	チェスターコート				

問7　下記a～eは、代表的なショルダー・スリーブの名称です。それぞれの名称にあてはまる説明文を、文章群〈ア～コ〉から選び、解答番号の記号をマークしなさい。

a．エポーレットスリーブ　31

b．ドルマンスリーブ　32

c．フレンチスリーブ　33

d．キモノスリーブ　34

e．シャツスリーブ　35

ア	ネックラインから袖下にかけて斜めに切り替えてあり、肩と一続きになっている。
イ	肩と袖の切れ目や縫い目がない袖の形。同じ布からの一枚裁ちで作られる。
ウ	肩の上部が肩章のようにつながっている袖の形。
エ	袖付け部分が大きくゆったりとし、袖口に向かってだんだん細くなる袖の形。
オ	原型通りのアームホールに付けられ、袖山が高く、紳士服のジャケット等に使われている。
カ	袖山が低く、袖が身頃に対して垂直に近い形で伸びている。そのため腕を動かしやすい袖の形。
キ	風船のように大きく膨らんだ袖の形。
ク	肩先や袖口にギャザーやタックなどで絞って、袖の部分を丸く膨らませた袖の形。
ケ	身頃と袖の切り替えがない形。袖丈は肩を覆う程度のものが多い。
コ	袖のない外衣から手を出すために作られた空きや、袖のつけ根のスリットが入った袖の形。

問8　下記のａ～ｅは、バッグ・かばんのイラストです。それぞれのイラストにあてはまる名称を、語群〈ア～コ〉から選び、解答番号の記号をマークしなさい。

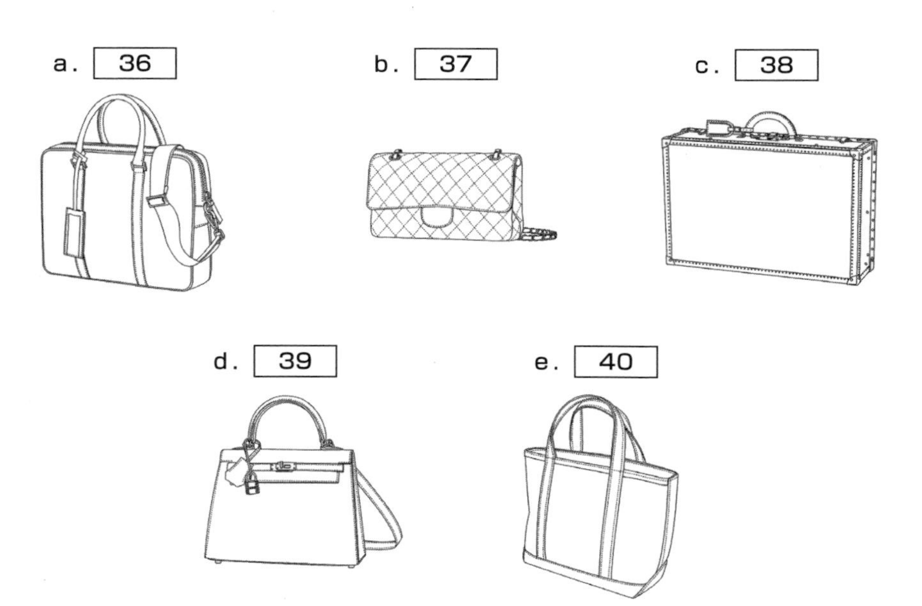

ア	ケリー風バッグ	イ	ダレスバッグ	ウ	ガーメントケース	エ	トランク
オ	クラッチバッグ	カ	ブリーフケース	キ	トートバッグ	ク	ボストンバッグ
ケ	シャネル風バッグ	コ	スーツケース				

問９　下記ａ～ｅは、品質・サイズの知識に関する文章です。［　　］の中にあてはまる言葉を、それぞれの語群・数値群〈ア～ウ〉から選び、解答番号の記号をマークしなさい。

ａ．成人女子の体型記号でＢ体型は、Ａ体型より［ 41 ］が８㎝大きい人の体型である。

ｂ．ＪＩＳサイズ表示は、着用する人の基本部位の「［ 42 ］」で表示することが原則になっている。

ｃ．「成人女子用衣料のサイズ表示」で用いる「ＰＰ」「Ｐ」「Ｒ」「Ｔ」は、身長を表す記号で、「Ｔ」は「Ｔall」の略で［ 43 ］の身長を示す。

ｄ．サイズ表示をする際、フィット性を求められるスーツやジャケット、コートのように、対応するバスト、ウエスト、ヒップの寸法と身長の表示を必要とする服種には「［ 44 ］」が使用される。

ｅ．「［ 45 ］」は、製品に使用されている繊維ごとに、その製品全体に対する質量割合を「％」で表示する方法である。

41の語群	ア	バスト	イ	ウエスト	ウ	ヒップ
42の語群	ア	身体寸法	イ	できあがり寸法	ウ	着用寸法
43の語群	ア	158㎝	イ	166㎝	ウ	178㎝
44の語群	ア	範囲表示	イ	体型区分表示	ウ	単数表示
45の語群	ア	取扱い表示	イ	組成表示	ウ	原産国表示

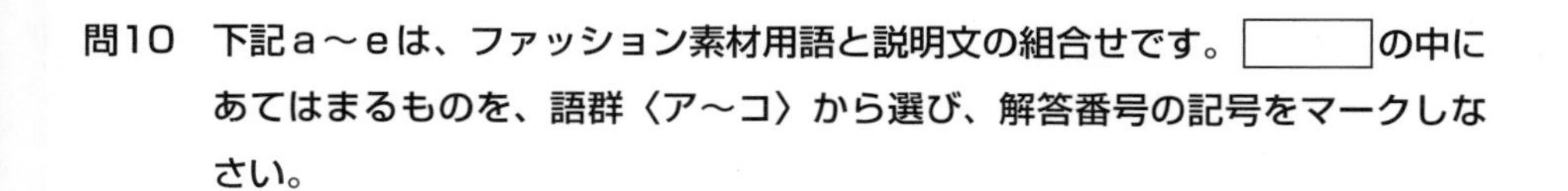
問10　下記a～eは、ファッション素材用語と説明文の組合せです。□の中にあてはまるものを、語群〈ア～コ〉から選び、解答番号の記号をマークしなさい。

a.　46　＝ファッション業界ではテキスタイル企画の意味で使われる。

b.　47　＝シルクや化学繊維の長繊維を指す。

c.　48　＝素材が持つ主な組成分の表面効果や質感のこと。

d.　49　・レザー＝本革の切れ端を再利用した天然素材の革。

e.　50　＝亜麻の原料段階での呼称。

ア	ファッションテック	イ	エコ	ウ	テクスチャー	エ	ファブリケーション
オ	ステープル	カ	ファシリテーション	キ	ヘンプ	ク	フィラメント
ケ	フラックス	コ	ヴィーガン				

問11　下記a～eは、ファッション素材に関する文章です。［　　］の中にあてはまるものを、それぞれの〈ア～ウ〉から選び、解答番号の記号をマークしなさい。（解答番号54は同じ言葉を2回使用）

a．［51］は、基本的に経糸に色糸、緯糸に白の糸を使用した平織物である。

ア．デニム

イ．ダンガリー

ウ．シャンブレー

b．［52］は、毛羽を持つ滑らかな光沢感のある編物である。

ア．ベロア

イ．ビロード

ウ．ベルベット

c．［53］は繻子の意で、繻子（朱子）組織の織物である。

ア．ボイル

イ．サテン

ウ．ローン

d．リーバイスの「白［54］」で有名な［54］は、表面に畝がある浮き出し織り（二重織り）の織物である。

ア．コーデュロイ

イ．ピケ

ウ．コードレーン

e．秋口に人気のネルシャツの「ネル」は［55］である。

ア．パジャマなど寝るときに着る衣料の「寝る」から転じた呼称

イ．フランス語でチェック（格子）柄の意

ウ．英国のウェールズ地方でウールを意味したフランネルの略語

問12　下記a～eは、副資材に関する文章です。正しいと思われるものには、解答番号の記号アを、誤っていると思われるものには、解答番号の記号イをマークしなさい。

a．ボタンは留め具としての機能性のみならず、装飾性も重視される。そのため、その素材は樹脂素材、金属、天然素材など用途や、必要とされる機能やデザインに合わせて素材を選ぶ必要がある。　56

b．接着芯地を使う場合、表素材がコートなどのように厚地のときは、ランダムパウダータイプ、ブラウスなどのように薄地のときは、ドットタイプが適している。　57

c．裏地は、ソフトな風合いの化学繊維が多く使用されている。裏地の機能には「①着心地を良くする、②形態を安定させる、③デザイン効果を高める」などがある。　58

d．縫い糸は、縫いやすいだけでなく、縫製品の仕立映えを高め、長期の実用・使用に耐えうる強さと見た目にも美しい縫い糸が好まれる。その素材には天然繊維、合成繊維があり、幅広いバリエーション展開になっている。　59

e．肩パッドは、ショルダーラインのシルエット構築のために重要な役割を果たしているその種類を大別すると「フレンチタイプ」と「ラグランタイプ」がある。　60

問13　下記a～eは、アパレルデザインに関する文章です。［　　］の中にあてはまる言葉をそれぞれの語群〈ア～ウ〉から選び、解答番号の記号をマークしなさい。

a．アパレルデザインは、建築や工業デザインと比べると変化が［ 61 ］。

ア．緩やかだ

イ．激しい

ウ．停滞しやすい

b．アパレルデザインは、建築や工業デザインと比べて、選ばれるデザインは［ 62 ］する。

ア．統一化

イ．画一化

ウ．多様化

c．アパレルデザイン活動では、着る人のライフスタイルを想定した着想計画を作成するために、［ 63 ］が検討される。

ア．３Ｗ３Ｈ

イ．５Ｗ１Ｈ

ウ．２Ｗ４Ｈ

d．アパレルのデザインディレクションでシーズンデザインコンセプトを設定する際は、デザイナーと［ 64 ］が連携をとりながら行うのが一般的である。

ア．ロジスティクス担当

イ．マーチャンダイジング担当

ウ．ソーシャルメディア担当

e．アパレルデザイン提案では、業務の各段階において、［ 65 ］、デザイン画、製品図、サンプル、現物商品などを使って、デザインの意図を伝える。

ア．イメージマップ

イ．プロセスマップ

ウ．サイトマップ

問14　下記a～eは、ファブリケーション（素材計画）に関する文章です。［　　］の中にあてはまる言葉を、語群〈ア～コ〉から選び、解答番号の記号をマークしなさい。（解答番号68・70は、同一の言葉を2回使用）

a．ファブリケーションとは、自社が意図する商品を表現するために最適なファブリックをあらゆる角度から検討して、選択したり、開発したりする作業で、「ファブリック・［ 66 ］」と「ファブリック・デザイン」を意味する。

b．生活者のライフスタイルを知るための情報のひとつである［ 67 ］は、市場情報の中でもっとも重要なものであり、新商品の開発や商品の多様化のためにも不可欠な情報である。

c．ファブリケーションでは、［ 68 ］が重要な役割を果たすことがあるため、テキスタイルデザイナーには、［ 68 ］に関する知識が不可欠である。

d．多種多様なファブリックの中から、商品のデザインとして最適なものを選択するのは容易なことではないので、客観性のあるスクリーニング（絞り込み）をしておくことが必要であるが、最終的には［ 69 ］やチーフデザイナーの判断に委ねることもある。

e．商品企画は、あらかじめデザイナーが頭に描いている［ 70 ］に適応するファブリックを探していくのが一般的であるが、直感で選んだファブリックから［ 70 ］を得てデザインを進めていくこともある。

ア	プロモーション	イ	プランニング	ウ	コレクション	エ	サンプルメーキング
オ	柄	カ	型紙	キ	イメージ	ク	消費者動向
ケ	ファッション アドバイザー	コ	マーチャンダイザー				

問15　下記a～eは、ファッション企業におけるカラー実務に関する文章です。［　　］の中にあてはまる言葉を、それぞれの〈ア～ウ〉から選び、解答番号の記号をマークしなさい。

a．アパレルメーカーA社のチーフデザイナーは、来秋冬のテーマカラーとして、ブラック、ウルトラマリン、レッドの3色を選んだ。このうち、レッドと［71］を配色すれば、補色となる。

b．上記a．のテーマカラーに基づいて、ブラックとレッドの2色で配色したバッグを展開したが、これは彩度が［72］の配色と言える。

c．テキスタイル企業B社のデザイナーは、つなぎと［73］（送り）を考慮して、プリントの図案を作成した。

d．ファッション小売企業C社のマーチャンダイザーは、新規店舗の照明で、温かく落ち着きのある雰囲気になるように、3000K（［74］）程度の色温度の低い光源を採用することにした。

e．上記C社の販促担当者は、新規店舗で展開される商品のカラー写真を、ポスターで使用した。このようなカラー写真の印刷では、フィルムを色分解、網撮りして4枚の網版をつくり、［75］、マゼンタ、イエローとブラックの4色が重ね刷りされる。

71の語群	ア	ピーコックブルー	イ	チャコールグレイ	ウ	オレンジ
72の語群	ア	同一	イ	類似	ウ	対照
73の語群	ア	リピート	イ	P下	ウ	マッチング
74の語群	ア	キロ	イ	ケルビン	ウ	カラット
75の語群	ア	キー	イ	グリーン	ウ	シアン

問16　下記ａ～ｅは、デザインとＣＧに関する文章です。それぞれの設問に該当する解答を、それぞれの〈ア～ウ〉から選び、解答番号の記号をマークしなさい。

ａ．ＣＧに関する内容で当てはまらない文章を選びなさい。　76

ア．新規商業施設などのイメージデザインに活用される。

イ．３Ｄではなく、２Ｄで活用される。

ウ．チラシなどの紙媒体に活用される。

ｂ．３次元のデジタル技術の活用に関して、間違っている文章を選びなさい。　77

ア．ＶＲは、人の五感を含む感覚を刺激することにより理工学的に作り出す技術である。

イ．ＶＲでは、ゴーグルを使用して３次元の仮想空間に立体的に描くこともできる。

ウ．ＡＲは、デバイスのレンズを通すことで、実際にはあるものを消して表示することができる。

ｃ．ＰＣで作図したパターンをプロッターでカットされたパターンにできる機械を選びなさい。　78

ア．ＣＲＭ

イ．ＣＡＭ

ウ．ＣＡＤ

ｄ．可視性が高く、遠くからも認識されやすいフォントを選びなさい。　79

ア．ゴシック

イ．明朝体

ウ．行書体

ｅ．無縫製ニットを指す名称を選びなさい。　80

ア．ホールガーメント

イ．ホールグレーディング

ウ．ホールデザイン

問17　下記a～eは、パターンメーカーの実務に関する文章です。［　　］の中にあてはまる言葉を、それぞれの語群〈ア～ウ〉から選び、解答番号の記号をマークしなさい。

a．既製服のパターンメーキングは、企業や［ 81 ］ごとに、基本とする体型、サイズ、シルエットを表現した基本原型の作成にはじまる。

b．工業用ボディは、ドレーピングやファーストパターンメーキングに使用する道具としてだけではなく、サンプルチェックや縫製工場における［ 82 ］でも同じボディで行っている。

c．日本のアパレル企業で使用されている主な工業用ボディとしては、「［ 83 ］」「ニューアミカ」「フェアレディ」「キプリス」などがある。

d．工業用ボディには、日常生活で行われる動作に必要なゆとりが含まれ、胸囲（バスト）のゆとりは、標準として［ 84 ］である。

e．［ 85 ］パターンメーキングには、原型を使用する方法と、ドレーピングや囲み製図という方法のほかに、製品のパターンをコピーする方法もある。

81の語群	ア	地域	イ	繊維原料	ウ	ブランド
82の語群	ア	検品	イ	出荷	ウ	プレス
83の語群	ア	ヌードボディ	イ	フルレングス	ウ	ドレスフォーム
84の語群	ア	3㎝	イ	5㎝	ウ	9㎝
85の語群	ア	工業用	イ	ファースト	ウ	生産用

問18　下記a～eは、補正の知識に関する文章です。［　　］の中にあてはまる言葉を、それぞれの語群〈ア～ウ〉から選び、解答番号の記号をマークしなさい。

a．基本的には丈を短くしたり、寸法を小さくしたりする作業は、ほとんどの場合可能である。一般的に、スカート丈の長さを短くすることを、「丈［ 86 ］」という。

b．一般的に高価格商品の縫い代幅は［ 87 ］。ただし、高価格商品であってもシルエットに応じて仕立て方が異なるため、必ずしも価格と縫い代幅が比例するとは限らない。

c．ジャケットの袖丈を長くすることを依頼された場合、袖口の［ 88 ］を確認して対応しなければならない。

d．小売店における補正（お直し）は完成した商品を顧客のリクエストに応じて手直しする作業なので、ファッションアドバイザーは、お直しによる［ 89 ］、シルエットやデザインのバランスのくずれなどを即座に判断し、アドバイスしなければならない。

e．反身体型、屈身体型のように姿勢の良し悪しが原因で起きるしわの対策としては、商品の［ 90 ］の位置をずらしたり、異なるサイズの商品を試着してもらったり、もっとも身体にフィットするものを選ぶ。

86の語群	ア	あげ	イ	調節	ウ	つめ
87の語群	ア	決まっている	イ	狭くなっている	ウ	広くなっている
88の語群	ア	縫い代	イ	あきみせ	ウ	袖幅
89の語群	ア	体型補正	イ	柄行き	ウ	風合い
90の語群	ア	肩パッド	イ	袖付け	ウ	衿付け

問19　下記a～eは、アパレル生産工程の知識に関する文章です。[　　　]の中にあてはまる言葉を、それぞれの語群〈ア～ウ〉から選び、解答番号の記号をマークしなさい。

a．通常、アパレルの生産・流通は、アパレル企業の商品企画に始まり、縫製工場、アパレル企業の物流部門、小売企業という流れであるが、小売企業が[91]業態の場合には、小売企業の企画部門に始まり、縫製企業、小売企業の物流部門、小売企業の販売部門という流れになる。

b．一般的には、[92]パターンをシーチングで組み立ててチェックし、修正を加えたものをサンプルメーカーあるいは縫製工場に依頼する。

c．毛織物、ベルベット、毛皮などの素材に毛足がある場合、[93]と裁断を行う際は素材の上下をよく見比べて美しい方向を選ぶ。

d．縫製準備工程では、素材の[94]と放縮、縮絨を経て、延反を行なう。

e．仕上げプレス機は、ジャケットの前身頃などを最終的に立体的な形状に仕上げる装置で、必要な曲面を備えたプレス台に地の目を整えながら[95]で固定する。

91の語群	ア	ＥＰＡ	イ	ＳＰＡ	ウ	ＯＥＭ
92の語群	ア	ファースト	イ	パーツ	ウ	工業用
93の語群	ア	グレーディング	イ	リンキング	ウ	マーキング
94の語群	ア	染色	イ	裁断	ウ	検反
95の語群	ア	バキューム	イ	シロセット加工	ウ	硬化液

問20　下記のa～eは、CAM・CADの知識に関する文章です。正しいものには、解答番号の記号アを、誤っているものには、記号イをマークしなさい。

a．ファッション業界は、「MADE IN JAPAN」製品が海外から高く評価されていることにより、ＩＴを活用して少人数で全ての機能を担うＩＴ重視の業務体制から、人海戦術による手作業主体の業務に切り替わりつつある。　96

b．販売管理においては、売上情報管理や商品情報管理を行うＰＯＳやポイントカードなどの顧客情報の収集・分析などを行う顧客情報管理や受発注情報管理を行うＥＯＳ、電子データ交換のＥＤＩやＣＡＬＳなどがある。　97

c．商品企画に使用するＣＧには、Adobe Illustratorを代表とするドロー系ＣＧと、Adobe Photoshopを代表とするペイント系ＣＧとがあり、ドロー系では、写真画像の修正や加工、手描きイラストに活用されている。ペイント系は、数式で定義された線種を使用するアプリケーションソフトで、飾り文字やロゴを描いたり、平面イラストの作成、ワッペンのデザインなどに使用される。　98

d．入力されたデータに従って素材の裁断を行う自動裁断機やさまざまな自動縫製を行う機器をＣＡＭとよぶ。　99

e．アパレルＣＡＤは、コンピュータにＣＡＤソフトをインストールして使用するが、最近ではインターネット上でＣＡＤを使えるユビタスコンピューティングというシステムがある。　100

第58回ファッション造形知識[Ⅱ]

〈正解答〉

解答番号		解答	解答番号		解答	解答番号		解答
	1	ウ		36	カ		71	ア
	2	ア		37	ケ		72	ウ
問 1	3	オ	問 8	38	エ	問15	73	ア
	4	ク		39	ア		74	イ
	5	エ		40	キ		75	ウ
	6	ア		41	ウ		76	イ
	7	ア		42	ア		77	ウ
問 2	8	イ	問 9	43	イ	問16	78	ウ
	9	イ		44	イ		79	ア
	10	ア		45	イ		80	ア
	11	イ		46	エ		81	ウ
	12	ア		47	ク		82	ア
問 3	13	ア	問10	48	ウ	問17	83	ウ
	14	ア		49	イ		84	イ
	15	イ		50	ケ		85	イ
	16	ケ		51	ウ		86	ウ
	17	コ		52	ア		87	ウ
問 4	18	カ	問11	53	イ	問18	88	ア
	19	エ		54	イ		89	イ
	20	ウ		55	ウ		90	ア
	21	イ		56	ア		91	イ
	22	ウ		57	イ		92	ア
問 5	23	ア	問12	58	ア	問19	93	ウ
	24	ア		59	ア		94	ウ
	25	イ		60	イ		95	ア
	26	カ		61	イ		96	イ
	27	イ		62	ウ		97	ア
問 6	28	キ	問13	63	イ	問20	98	イ
	29	エ		64	イ		99	ア
	30	ア		65	ア		100	イ
	31	ウ		66	イ			
	32	エ		67	ク			
問 7	33	ケ	問14	68	オ			
	34	イ		69	コ			
	35	カ		70	キ			

第59回

ファッションビジネス知識［Ⅱ］

問１　下記ａ～ｅは、ファッションビジネスに関する文章です。正しいものには解答番号の記号アを、誤っているものには記号イをマークしなさい。

ａ．化粧品は、狭義のファッションビジネスに含まれる。　1

ｂ．ファッション企業は、生活者との双方向コミュニケーションを図っている。　2

ｃ．ファッションビジネスは、他産業に比べて短サイクルに変化する。　3

ｄ．ファッションビジネスは、明日のファッション生活を創造する商品やサービスを提供することによって、収益を確保するビジネスである。　4

ｅ．モデリングの業務内容には、品質チェックや縫製仕様書の作成なども含まれる。　5

問2　下記ａ～ｅは、繊維ファッション産業の歴史に関する文章です。正しいものには解答番号の記号アを、誤っているものには記号イをマークしなさい。

ａ．19世紀後半からアメリカや日本では、低工賃・大量生産による綿織物生産が始まった。　［6］

ｂ．19世紀のイギリスでは、実用品は国内生産、高級品は輸入というスタイルが確立され、大量生産・大量販売・大量消費のスタイルが生まれた。　［7］

ｃ．20世紀には、欧米の糸メーカーや化学製品メーカーによって、レーヨンやアセテートなどの化学繊維が開発された。　［8］

ｄ．1990年代の小売業では、百貨店、量販店、専門店などのように、業態分類がされるようになった。　［9］

ｅ．2000年代に量販店は、スーパーからＧＭＳへと大型化した。　［10］

問3　下記a～cは、近年のファッションビジネス動向に関する問題です。それぞれの設問に該当する解答を選び、解答番号の記号をマークしなさい。

a．経済産業省による３Ｒ政策に当てはまるものを下記から選択しなさい。

11　12　13　（順不同）

ア．Reduce（減らす）

イ．Reuse（繰り返しの使用）

ウ．Regeneration（再生）

エ．Reform（リフォーム）

オ．Return（戻す）

カ．Recycle（再資源化する）

b．ＲＦＩＤの活用法で、間違っているものを選びなさい。　14

ア．携帯で画像を読み込んで、ウェブサイトを表示する。

イ．物流での商品のトラッキングを行う。

ウ．店頭のレジでの会計に使用する。

c．フェアトレードに関する内容で、間違っているものを選びなさい。　15

ア．原料を適正な価格で、継続的に購入する。

イ．立場の弱い労働者の生活改善を行う。

ウ．ブランド名を使用する契約を結び、生産を行う。

問4　下記ａ～ｅは、ファッション生活・ファッション消費に関する問題です。それぞれの設問に該当する解答を、それぞれの〈ア～ウ〉から選び、解答番号の記号をマークしなさい。

ａ．2015年９月の国連サミットで採択された、「持続可能な開発目標」の略称に該当する言葉を選びなさい。　16

ア．ＳＤＧｓ

イ．ＥＳＧ

ウ．ＣＳＲ

ｂ．ＢＯＰＩＳが含まれる、事業の概念を選びなさい。　17

ア．クリックアンドクリック

イ．クリックアンドコレクト

ウ．クリックアンドモルタル

ｃ．イノベーター理論において、新商品が出ると進んで採用する人々の層を選びなさい。

ア．アーリーアダプター　18

イ．イノベーター

ウ．ラガード

ｄ．消費の効用への効果のうち、製品の価格が高まるほど製品の効用も高まる、いわゆる顕示的消費を選びなさい。　19

ア．バンドワゴン効果

イ．スノッブ効果

ウ．ヴェブレン効果

ｅ．次のうち、正しい文章を選びなさい。　20

ア．アダルトファッションは、ヤングファッションよりも短サイクルに変化する傾向がある。

イ．トラディショナルブランドの商品は、ファストファッションの商品よりも短サイクルに変化する。

ウ．アパレルやメイクアップ商品は、インテリア商品よりも、短サイクルに変化する傾向がある。

問5　下記ａ～ｅは、グローバルで捉えたアパレル産業に関する問題です。それぞれの設問に該当する解答を、それぞれの〈ア～ウ〉から選び、解答番号の記号をマークしなさい。

ａ．アパレル生産企業で生産されないものを選びなさい。　21

ア． スポーツウェア

イ． レディスインナー

ウ． ジュエリー

ｂ．製造機能を持たないアパレルメーカーで行わないことを選びなさい。　22

ア． 賃加工

イ． 生産発注

ウ． 原材料選択

ｃ．ニット生産について合っている文章を選びなさい。　23

ア． ニットファブリック製造業は、ニッターと呼ばれる。

イ． ニット製品は、ニットアパレル・Ｔシャツ等の成型品と、セーター等のカットソーに大別される。

ウ． 成型品製造業とニットファブリック産業は、テキスタイル産業に分類される。

ｄ．アクセシブルラグジュアリーも取り扱っている企業を選択しなさい。　24

ア． ケリング

イ． Ｈ＆Ｍ

ウ． インディテックス

ｅ．企業による業種複合体のファッションビジネスを選択しなさい。　25

ア． ＳＰＡ

イ． コングロマリット

ウ． ディベロッパー

問6　下記ａ・ｂは、繊維産業です。それぞれの産業にあてはまる企業を、語群〈ア～コ〉から選び、解答番号の記号をマークしなさい。

ａ．繊維素材産業：[26] [27] ※26・27順不同

ｂ．テキスタイル産業：[28] [29] [30] ※28・29・30順不同

ア	織布メーカー	イ	インテリアメーカー	ウ	ロープ加工品メーカー	エ	ニットアパレルメーカー
オ	生地商	カ	百貨店	キ	整理業	ク	化合繊メーカー
ケ	糸商	コ	和服製造業				

問7　下記ａ～ｅは、小売業とショッピングセンターに関する用語とその説明文です。［　　　］の中にあてはまる言葉を、語群〈ア～コ〉から選び、解答番号の記号をマークしなさい。（解答番号の31は、同一の言葉を２回使用）

ａ．［ 31 ］ストア：通称「売らない」店舗とも言われる、［ 31 ］機能に特化した体験型店舗。消費者は、店舗で商品を見たり触ったり試着したりできるが、商品はネットで購入する。

ｂ．チェーンストア：同じ店名で、ほぼ同じ商品を、［ 32 ］店舗以上で展開する小売店やフードサービス店。

ｃ．ファクトリー［ 33 ］：メーカーが自社の売れ残り商品、Ｂ級品、サンプル品などをみずから低価格で売る店舗。

ｄ．Ｄ２Ｃ：“［ 34 ］ to Consumer” の略で、自社で企画・製造し、主にネット限定で消費者に商品を販売するビジネスモデル。

ｅ．［ 35 ］ＳＣ：３万㎡以上の面積で、百貨店・ＧＭＳ等が複数でキーテナントとして入店し、更にサブテナントとして、スーパーマーケット、ホームセンター、大型専門店、ファッション店などが構成される。

ア	Development	イ	Direct	ウ	11
エ	101	オ	アウトレット	カ	オフプライス
キ	ショールーム	ク	ネイバーフッド	ケ	ポップアップ
コ	リージョナル				

問8　下記a～eは、日本の服飾雑貨産業・生活雑貨産業やファッション関連産業・機関に関する文章です。[　　]の中にあてはまる言葉を、語群〈ア～コ〉から選び、解答番号の記号をマークしなさい。

a．[36]県は、日本最大の靴下の産地である。

b．靴のヒール、ソール、芯、靴ひも等を製造するメーカーは、[37]メーカーと言われる。

c．[38]産業とは、合成皮革・人工皮革を素材とする靴の産業である。

d．装身具のうち、宝石・貴金属を用いて作られた装飾品のことを、宝飾品、[39]、ビジューという。

e．ファッション産業と関連の深い特許庁や中小企業庁は、[40]省の外局として設置されている行政機関である。

ア	グッズ	イ	ジュエリー	ウ	ケミカルシューズ
エ	ゴム靴	オ	資材	カ	袋物
キ	福井	ク	奈良	ケ	総務
コ	経済産業				

問9　下図は、市場機会の分析、ターゲット市場の選定、マーケティングミックスの関係図です。[　　　]の中にあてはまる言葉を、語群〈ア～コ〉から選び、解答番号の記号をマークしなさい。(41・42順不同)

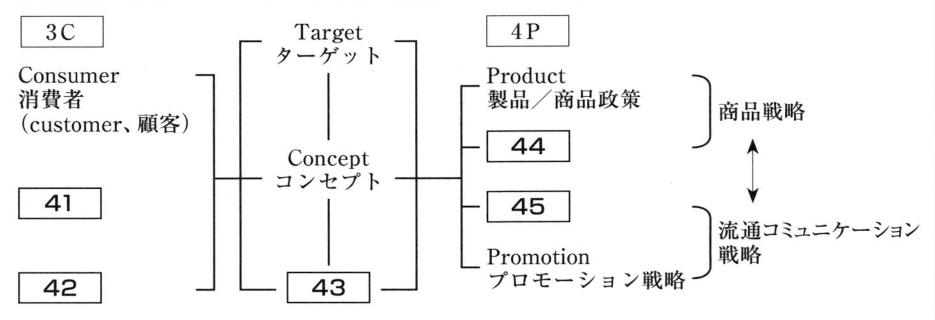

ア	Company(企業)	イ	Buying(購入)	ウ	Pick(選択)	エ	Price(価格)
オ	Collaboration(共合)	カ	Occasion(状況)	キ	Point(要点)	ク	Place(販路)
ケ	Competitor(競合)	コ	Identity(アイデンティティ)				

問10　下記a～eは、ファッション企業のマーケティングに関する用語の説明文です。それぞれの説明文に該当する用語を、語群〈ア～コ〉から選び、解答番号の記号をマークしなさい。

a．ブランドの持っている、信頼感や知名度など無形の価値を企業資産として評価したもの。 **46**

b．企業が売上や収益を上げるための、事業の構造や仕組み。 **47**

c．顧客が体験する価値のことで、商品やサービスの機能や価格などはもとより、ブランドイメージや、商品やサービスの購入前、購入後のサポートなど、自社の商品やサービスに関連する顧客体験も含まれる。 **48**

d．商品やブランドがターゲットとするコミュニティやセグメント内において、人気のあるインスタグラマーなどの周囲に影響を与える人物を見つけ、彼らに対してアプローチする方法。 **49**

e．顧客生涯価値のこと。一人が特定の企業やブランドと取引を始めてから終わるまでの期間である顧客ライフサイクル内に、どれだけの利益をもたらすのかを算出したもの。 **50**

ア	CX	イ	GX	ウ	LTV
エ	SEO	オ	コアコンピタンス	カ	ビジネスモデル
キ	ブランディング	ク	ブランドエクイティ	ケ	サーチエンジンマーケティング
コ	インフルエンサーマーケティング				

問11　下記a～eは、小売業のマーケティングに関する文章です。[　　]の中にあてはまるものを、それぞれの〈ア～ウ〉から選び、解答番号の記号をマークしなさい。

a．オンラインとオフラインの在庫管理の一元化は、基本的に[51]では必要ない。

ア．Ｄ２Ｃ

イ．ＯＭＯ

ウ．Ｏ２Ｏ

b．ＬＰＯとは、顧客が[52]Ｗｅｂページを最適化する手法をさす。

ア．口コミを閲覧する

イ．決済する際の

ウ．最初にアクセスする

c．いわゆる[53]の発信する意見は、他者に対して強い影響を与える。

ア．ＫＯＬ

イ．ＫＰＩ

ウ．ＫＧＩ

d．Ｂ２Ｅにおける商品やサービスの買手は[54]ということになる。

ア．競合先

イ．バイヤー

ウ．従業員

e．小売業においてもセルフレジの導入など、ＩＴ（[55]・テクノロジー）化が浸透している。

ア．インターネット

イ．インフォメーション

ウ．インプレッション

問12　下記a～eは、インターネットとマーケティングに関する問題です。それぞれの設問に該当する解答を、それぞれの〈ア～ウ〉から選び、解答番号の記号をマークしなさい。

a．アマゾンなどのＥＣサイトの「ＥＣ」の正式名称を選びなさい。　56

ア．Electronic Commerce

イ．Ethical Contents

ウ．Election Campaign

b．店頭で行われるＯ２Ｏにあてはまるものを選択しなさい。　57

ア．店頭のワークショップをＳＮＳで告知

イ．葉書で店頭の新商品入荷のお知らせ

ウ．サイズ違い商品の、他の実店舗からの取り寄せ

c．ネットモールのメリットとして、間違っている文章を選びなさい。　58

ア．消費者は、簡単に様々なショップでの買い物ができる。

イ．ショップ数が多いことで、商品を消費者に簡単に探してもらえる。

ウ．ダイレクトマーケティングでは、ネットショップ側から顧客側に随時、次の購買アクションへのアプローチが可能となる。

d．デビットカードにあてはまる支払い方法を選びなさい。　59

ア．リアルタイムペイ

イ．ポストペイ

ウ．プリペイド

e．検索エンジン最適化の略語を選択しなさい。　60

ア．ＳＥＭ

イ．ＳＣＭ

ウ．ＳＥＯ

問13　下記a～eは、アパレルマーチャンダイジングに関する文章です。［　　］の中にあてはまる文章を、それぞれの文章群〈ア～ウ〉から選び、解答番号の記号をマークしなさい。

a．アパレルマーチャンダイジングの業務フロー上では、パターンメーキング業務の前に、［ 61 ］

ア．デザインを決定する。

イ．上代を決定する。

ウ．生産数量を決定する。

b．ＳＰＡでは、［ 62 ］

ア．年２回の展示会を単位にしたマーチャンダイジングを行う。

イ．世界のアパレルメーカーから商品をバイイングする。

ウ．マンスリーマーチャンダイジング、ウイークリーマーチャンダイジングを行う。

c．ファッション・マーチャンダイジングでは、商品をベーシック商品、シーズン商品、短サイクルトレンド商品に分類することがある。［ 63 ］は、このうちの短サイクルトレンド商品の比率が最も高いと思われる。

ア．ニットアイテムに特化したファクトリーブランド

イ．ファストファッションのブランド

ウ．トラディショナルテイストのメンズブランド

d．プライベートオケージョンで展開するレディスブランドは、ソーシャル・オケージョンで展開するレディスブランドよりも、［ 64 ］

ア．カットソーの比率が高くなる傾向がある。

イ．ドレスの比率が高くなる傾向がある。

ウ．毛皮製品の比率が高くなる傾向がある。

e．期中商品企画では、［ 65 ］

ア．ブランドイメージを象徴している定番品の商品を企画する。

イ．店頭の顧客動向を判断して、タイムリーに商品を企画しクイックリーに生産する。

ウ．コレクション作品を商品化して、見せ筋商品として展開する。

問14　下記a～eは、リテールマーチャンダイジングとバイイングに関する文章です。［　　　］の中にあてはまるものを、それぞれの〈ア～ウ〉から選び、解答番号の記号をマークしなさい。

a．マーチャンダイジングは、［ 66 ］の下位概念となる。

ア．マーチャンダイズ

イ．マネジメント

ウ．マーケティング

b．ファッションビル内のセレクトショップにおける品揃えは、［ 67 ］が行う。

ア．ファッションビルのディベロッパー

イ．取引先ブランドのディストリビューター

ウ．セレクトショップのバイヤー

c．「ノームコア」をテーマにバイイングに当ると、必然的に［ 68 ］志向のブランドの比率が高まる。

ア．ニューベーシック

イ．デコラティブ

ウ．アウトドア

d．いわゆる「パレートの法則」は、［ 69 ］を展開するリテーラーにあてはまる。

ア．ネット販売

イ．リアルショップ

ウ．オムニチャネル

e．従来の「せどり」に比べて、いわゆる「転売ヤー」は商品を［ 70 ］仕入れる傾向があるといえる。

ア．高く

イ．多く

ウ．安く

問15　下記a～dは、商品構成とＶＭＤに関する文章です。［　　　］の中にあてはまるものを、それぞれの〈ア～ウ〉から選び、解答番号の記号をマークしなさい。

ａ．参考上代掛率制における参考上代は希望小売価格ともいい、［ 71 ］（ア．小売業　イ．ホールセラー　ウ．生産工場）側が設定する。

ｂ．12,540円で仕入れた商品の上代を22,800円に設定した。これを値入率に換算すると、［ 72 ］（ア．55％　イ．52％　ウ．45％）ということなる。またこの商品を10％ＯＦＦで販売した場合、粗利益高はプロパーで販売した場合よりも［ 73 ］（ア．2,052　イ．2,280　ウ．2,820）円減少する。

ｃ．アメリカでのVISUAL MERCHANDISINGの略称は、［ 74 ］（ア．ＶＭ　イ．ＶＭＤ　ウ．ＶＤ）となる。

ｄ．ＶＭＤは、予め設定した計画に沿って運用される。ただし予想に反して、小春日和が続くようであれば［ 75 ］（ア．サマーリゾート　イ．防寒物　ウ．梅雨対策）の打ち出しを控えるといった具合に、状況による柔軟な対応も求められる。

問16　下記a～eは、某アパレルメーカー・レディスブランドの商品構成計画・価格計画に関する文章です。設定条件1・2を読んで、［　　］の中にあてはまる数値を、数値群〈ア～コ〉から選び、解答番号の記号をマークしなさい。（価格はすべて本体価格。税抜経理方式）

1．年間総生産金額は上代ベースで90億円。S／Sは40億円、A／Wは50億円である。
2．下記のような商品構成と価格（本体価格）をマーチャンダイジング方針としている。

アイテム	中心プライス		アイテム構成比	
	S／S	A／W	S／S	A／W
コート	40,000	50,000	3%	6%
ジャケット	30,000	34,000	10%	10%
ボトム	［A］	20,000	25%	25%
ワンピース	20,000	24,000	16%	14%
シャツ・ブラウス	12,000	15,000	20%	18%
カットソー	8,000	10,000	22%	13%
ニット	15,000	18,000	4%	14%

＊アイテム構成比は、金額ベース

a．S／Sのワンピースの生産数は、［76］着を予定している。

b．ボトムについて、S／SとA／Wは同じ生産数を予定している。表中の［A］は、［77］である。

c．ジャケットの平均原価率は25%である。A／Wのジャケットの平均原価は［78］円となる。

d．A／Wのシャツ・ブラウスについては、合計で10型の生産を計画している。1型平均の生産着数は、［79］着である。

e．S／Sのカットソーの建値消化率を［80］%、平均掛率を60%と想定した場合、メーカーとしてのプロパー売上高は3億1,680万円となる。

ア	40	イ	60	ウ	6,000	エ	7,500	オ	8,500
カ	12,000	キ	16,000	ク	20,000	ケ	32,000	コ	200,000

問17　下記a～eは、ファッション関連の情報と見本市に関する文章です。［　　］の中にあてはまる言葉を、それぞれの語群〈ア～ウ〉から選び、解答番号の記号をマークしなさい。

a．［ 81 ］見本市は、通常、実需の１年前に行われる。

b．アパレルメーカーが素材を調達する場合、フランスの［ 82 ］、イタリアのモーダインなどの見本市を訪れる。

c．［ 83 ］とは、ファッションショーのうち、特に１週間にわたって開催されるものをいう。日本ではコレクションとも呼ばれる。

d．［ 84 ］は、アメリカを本国として世界の多くの国で出版されている、ハイファッション雑誌である。1988年からアナ・ウィンターが編集長を務めている。

e．近年、トレンドブック形式のファッショントレンド予測情報に加えて、ＷＧＳＮなどの会員制［ 85 ］のファッショントレンド予測情報サービスも活用されている。

語群						
81の語群	ア	アパレル	イ	テキスタイル	ウ	服飾雑貨
82の語群	ア	プルミエール ヴィジョン	イ	プルミエールクラス	ウ	プルミエール コレクション
83の語群	ア	ショールーム	イ	ファッションウィーク	ウ	メッセ
84の語群	ア	ＥＬＬＥ	イ	marie claire	ウ	ＶＯＧＵＥ
85の語群	ア	サイト	イ	マガジン	ウ	プレスリリース

問18　下記a～eは、アパレル生産管理に関する問題です。それぞれの設問に該当する解答を、それぞれの〈ア～ウ〉から選び、解答番号の記号をマークしなさい。

a．アパレルメーカーが商社アパレル部門と取引する場合の、製品調達方式を選びなさい。

86

ア．生地買い工賃払い

イ．糸売り製品買い

ウ．製品買い

b．「要尺」の用語説明文を選びなさい。

87

ア．延反で生地を重ねる枚数

イ．１着の衣服を作るために必要となる、生地の長さ

ウ．製品に使用可能な生地巾のこと

c．縫製仕様書を作成する職種を選びなさい。

88

ア．生産管理スタッフ

イ．マーチャンダイザー

ウ．パターンメーカー

d．「属工」に関する次の文章のうち、正しい文章を選びなさい。

89

ア．アパレルメーカーは、「属工」の場合、自ら素材を調達する必要がある。

イ．アパレルメーカーは、「属工」の場合、自ら付属を調達する必要がある。

ウ．アパレルメーカーは、「属工」の場合、自ら製品を調達する必要がある。

e．次のうち、誤っていると思われる文章を選びなさい。

90

ア．海外で生産する商品は、国内で生産する商品と比較して、円安になると原価が高くなる傾向がある。

イ．一般に、生産のリードタイムが短いと原価が高くなる傾向がある。

ウ．一般に、生産ロットを少なくすると工賃が下がる。

問19　下記ａ～ｅは、アパレル物流に関する文章です。正しいものには解答番号の記号アを、誤っているものには記号イをマークしなさい。

ａ．ロジスティクスは元々軍事用語で、兵站のことである。　91

ｂ．販売物流は、商品や原材料、副資材を自社に運び込むための物流である。　92

ｃ．物流の荷役業務には、物流倉庫におけるロケーション管理が含まれる。　93

ｄ．３ＰＬは、荷主に代わって最も効率的な物流戦略の企画立案や物流システムの構築について包括的に受託し、実行することである。　94

ｅ．フォワーダーとは、荷主から貨物を預かり、他の輸送手段を利用し運送を引き受ける事業者のことである。　95

問20　下記a～eは、SCM（サプライチェーンマネジメント）に関する文章です。それぞれの文章の［　　］の中にあてはまる言葉を、語群〈ア～コ〉から選び、解答番号の記号をマークしなさい。

a．ＳＣＭは、在庫削減と［ 96 ］ロスの極小化という、相反する内容に対する最適解を見出す働きかけである。

b．ＳＣＭは、［ 97 ］の経済性を実現していくための手法といえる。

c．ＲＦＭ分析とは、最終購入日と一定期間の購入回数、一定期間の［ 98 ］から顧客を層別に分類する手法である。

d．ＪＡＮコードに記される、最初の２桁の番号は、［ 99 ］コードである。

e．ＲＦＩＤは、［ 100 ］においても複数の情報を一括して読み取ることが可能である。

ア	購入金額	イ	商品	ウ	事業者
エ	ネットワーク	オ	ＦＳＰ	カ	非接触
キ	受注点数	ク	販売機会	ケ	ＣＲＭ
コ	国				

問21　下記a～eは、某アパレルブランドの本年9月度の計数計画に関する問題です。それぞれの設問に該当する数値を、数値群〈ア～コ〉から選び、解答番号の記号をマークしなさい。

a．フラッグシップショップであるA店は、60坪の面積で展開している。9月度の店頭目標売上高を1200万円に設定した。9月度の目標坪効率を求めなさい。　**101** 万円

b．SC内のB直営店は、15坪の面積で展開しており、9月度の売上高は500万円であった。売上歩合で歩率10%の賃貸借契約であったとして、9月度の家賃を求めなさい。

102 万円

c．C百貨店とは、返品条件付き買取りで取引しており、9月度は上代で900万円分を納品する一方で、上代で100万円分の返品を受ける予定である。掛率が50%であるとして、自社（アパレルメーカー）の9月度売上高を求めなさい。　**103** 万円

d．D小売店との取引による8月月末の売掛金は400万円であった。9月度は800万円の売上、700万円の回収となった。9月月末の売掛金を求めなさい。　**104** 万円

e．Eオンラインショッピングサイトにおける9月度の売上は500万円であった。販売手数料率が20%であったとして、9月度の販売手数料を求めなさい。　**105** 万円

ア	20	イ	50	ウ	100	エ	150	オ	300
カ	400	キ	500	ク	600	ケ	700	コ	800

問22　下記a～eは、アパレル営業とチャネル管理に関する問題です。[　　　]の中にあてはまる言葉を、それぞれの〈ア～ウ〉から選び、解答番号の記号をマークしなさい。

a．営業組織は、通常であれば[106]やブランド、小売タイプを考慮して構成する。

ア．テリトリー

イ．利益率

ウ．人件費

b．営業担当者のデイリー業務には[107]が含まれる。

ア．取引条件交渉

イ．売掛金回収

ウ．商品フォロー

c．展示会において重要となる業務として[108]があげられる。

ア．アポイント確認

イ．売掛金回収

ウ．出荷の指示

d．百貨店との取引における[109]は、消費者が商品を購入した時点でアパレルメーカーの売上が発生する。

ア．買取仕入

イ．消化仕入

ウ．委託仕入

e．アパレル企業が掛け売りをした場合の債権を[110]という。

ア．債務

イ．買掛金

ウ．売掛金

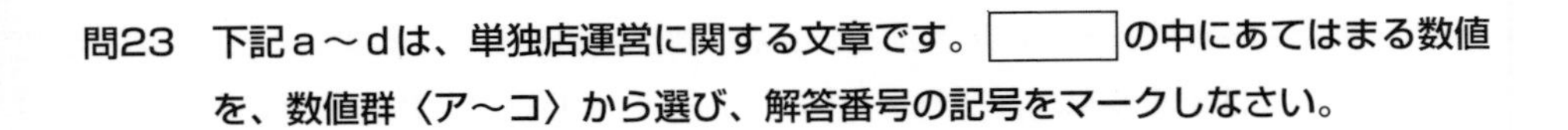
問23　下記ａ～ｄは、単独店運営に関する文章です。□の中にあてはまる数値を、数値群〈ア～コ〉から選び、解答番号の記号をマークしなさい。

ａ．売場面積132㎡（＝［111］坪）のＡ店では、６月の目標坪効率を［112］万円に設定した。この目標をクリアするには1,120万円以上売り上げる必要がある。

ｂ．Ｂブティックの本日の売上は16万円で、客単価は４千円であった。［113］人のお客様が来店したので買上率は32％ということになる。

ｃ．掛率設定55％のＣブランドの展示会での今回の発注予算は上代で200万円である。このブランドの商品は平均下代5,500円、平均色数４色、平均サイズ数２サイズなので、これに従い商品を各１枚発注すると仮定した場合、約［114］型が発注の目処となる。

ｄ．Ｄライフスタイルショップの４月の売上高は360万円であった。３月の月末在庫は690万円、４月の月末在庫は［115］万円だったので、商品回転日数は60日ということになる。

ア	20	イ	25	ウ	28	エ	32	オ	40
カ	45	キ	125	ク	132	ケ	660	コ	750

問24　下記a～eは、多店舗運営に関する文章です。［　　］の中にあてはまるものを、それぞれの〈ア～ウ〉から選び、解答番号の記号をマークしなさい。

a．ドミナント出店戦略のメリットとしては、［116］という点が挙げられる。

ア．当該エリアの環境変化に対するリスクが低い

イ．特定エリアにおいて認知度を上げやすい

ウ．当該エリアのフランチャイジーにとって顧客数を確保し易い

b．多店舗化において、店舗の造作や什器を［117］することでコストの軽減が図れる。

ア．標準化

イ．組織化

ウ．平準化

c．セントラルバイングのメリットとしては、［118］という点が挙げられる。

ア．商品の生産ロットが増え工賃が下がる

イ．各店の顧客特性に対応しやすい

ウ．各店での商品選定の手間や労力が軽減できる

d．ＢＯＰＩＳは、［119］

ア．リアル店舗を多く展開する小売企業に有利に働くといえる。

イ．ＥＣで購入した商品を宅配ボックスでも受け取ることが出来る。

ウ．クリック＆ドロップと同義となる。

e．チェーン店におけるスーパーバイザーは、［120］役割を担う。

ア．各店の売上や在庫の状況に応じて商品の配分を決定する

イ．本部の方針通り各店の運用がなされているかを監督する

ウ．コミュニケーション戦略やビジュアル製作を指揮する

問25　下記a～eは、ネットショップの運営に関する文章です。[　　] の中に該当する解答を、それぞれの〈ア～ウ〉から選び、解答番号の記号をマークしなさい。

a．サイト構築のＵＩとは、[121] である。

ア．アンリミテッド・アイデンティティ

イ．ユニーク・インフォメーション

ウ．ユーザー・インターフェイス

b．「[122]」は、ＵＸにはあてはまらない。

ア．サイトのフォントが読みやすい

イ．スタッフが働きやすい環境である

ウ．すぐに商品が届いた

c．アフィリエイトとは、[123] のことである。

ア．商品を購入されたりすると、リンク元に報酬が支払われる広告

イ．検索されたキーワードに対して掲載される広告

ウ．ウェブページの一部分に広告内容が掲載された、四角い画像ファイル

d．リスティング広告とは、[124] のことである。

ア．商品を購入されたりすると、リンク元に報酬が支払われる広告

イ．検索されたキーワードに対して掲載される広告

ウ．ウェブページの一部分に広告内容が掲載された、四角い画像ファイル

e．マウスオーバーで広告が変化する [125] は、クリックされなくても消費者に印象を残すことができる。

ア．エキスパンド広告

イ．エキスプロージョン広告

ウ．エキストラ広告

問26　下記a・bは、ファッション企業のプロモーションに関する設問および文章です。それぞれの［　　］の中に該当する言葉を、それぞれの語群〈ア～ウ〉から選び、解答番号の記号をマークしなさい。

a．下記の表は、トリプルメディアについての表である。［　　］にあてはまる言葉を選択しなさい。

項目＼名称	126	127	128
ウェブ上	検索連動型広告・タイアップ	公式ウェブサイト・公式ＳＮＳ	ＣＧＭ・個人や専門家のサイトやＳＮＳ
ウェブ以外の例	マス広告・交通広告	イベント開催・社員	マスコミ報道・社員
メリット	コントロール可能 即効性	消費者と密なコミュニケーションがとれる	情報が信頼されやすい セールスに影響
デメリット	コストが高い 競合が多い	消費者に見つけてもらうための努力が必要	コントロール不可 リスクマネジメント必須

b．プロモーション活動を大分類すると、①［129］、②ＰＲと［130］、③セールスプロモーション、④人的販売の４つに分けられる。

語群						
126の語群	ア	オウンドメディア	イ	アーンドメディア	ウ	ペイドメディア
127の語群	ア	オウンドメディア	イ	マスメディア	ウ	ペイドメディア
128の語群	ア	アーンドメディア	イ	オウンドメディア	ウ	マスメディア
129の語群	ア	広告	イ	報告	ウ	予告
130の語群	ア	バラエティ	イ	パブリシティ	ウ	ユニティ

問27　下記a～eは、ショップのプロモーション計画に関する言葉です。新規顧客の獲得に適しているものには解答番号の記号アを、適していないものには記号イをマークしなさい。

a．テレビなどのマスメディア　131

b．街頭看板　132

c．サンキューレター　133

d．パブリシティ　134

e．誕生日メールの配信　135

問28　下記a～eは、ファッション業界の職種別業務内容の文章です。それぞれにあてはまる職種を、語群〈ア～コ〉から選び、解答番号の記号をマークしなさい。

a．アパレル企業で標準サイズの型紙を基に、大小各種のサイズの工業用型紙を作る専門家。 136

b．アパレル企業で、デザイナーのアイデアやデザイン画に基づいて、パターンやサンプル製作を行う専門家。 137

c．ネット小売業で、メーカーや卸業者から取扱う商品を調達する職種。 138

d．多店舗のチェーン展開をしている小売業で、店舗ごとの売上規模や在庫状況に合わせて、分配数量と時期をアイテムごとに決定する職種。 139

e．デザイナー企業で商品や写真の貸し出し、取材のアレンジメント、記者発表などの広報と販促の担当者。 140

ア	モデリスト	イ	デザイナー	ウ	テキスタイルデザイナー	エ	ニット技能者
オ	グレーダー	カ	ディストリビューター	キ	バイヤー	ク	アタッシェ・ドゥ・プレス
ケ	サイト運営担当者	コ	販売員				

問29　下記a～eは、企業経営に関する用語とその説明文です。［　　］の中にあてはまる言葉を、語群〈ア～コ〉から選び、解答番号の記号をマークしなさい。

a．経営［141］：組織の存在意義や使命を普遍的な価値観として設定したもので、企業の個々の活動のもととなる基本的な考え方となる。

b．［142］：指揮機能を担う個人が、組織の目標を達成するために、チームや部門のメンバーに働きかけて、積極的・自発的に業務が遂行できるように影響力を及ぼし、各人の能力が十分に発揮できるように指導・援助する能力のことである。

c．［143］部門：企業活動を専門に実施する部門で、企業の収益の主体となる製造部門や販売部門を言う。

d．［144］：職場の中で、上司が仕事を通じて、計画的に系統立てて行う教育活動。

e．ＤＸ：デジタル・［145］をさす英略語。企業がビジネス環境の激しい変化に対応し、データとデジタル技術を活用して、顧客や社会のニーズを基に、製品やサービス、ビジネスモデルを変革するとともに、業務そのものや、組織、プロセス、企業文化・風土を変革し、競争上の優位性を確立すること。

ア	Off-JT	イ	OJT	ウ	エクスペリエンス
エ	オペレーション	オ	スタッフ	カ	トランスフォーメーション
キ	ライン	ク	リーダーシップ	ケ	資源
コ	理念				

問30　下記ａ～ｅは、ＩＴ基礎知識に関する文章です。それぞれの文章にあてはまる解答を、それぞれの語群〈ア～ウ〉から選び、解答番号の記号をマークしなさい。

ａ．店頭で売れたものに関する情報を蓄積し管理する技術。　146

ｂ．外出先で、スマホから自宅の冷暖房を帰宅前にコントロールする際に活用されている技術。　147

ｃ．消費者が商業施設に訪れるとアプリでポイントがもらえる、といったようなサービスに活用されている位置情報技術。　148

ｄ．企業が集めた気象データや催事情報のこと。　149

ｅ．ＥＵで、企業や組織がＥＵ領外への個人データの移転を行うことを原則禁止した規則。　150

146の語群	ア	ＢＯＴ	イ	ＰＯＳ	ウ	ＰＡＳ
147の語群	ア	ＥＯＴ	イ	ＭＯＴ	ウ	ＩＯＴ
148の語群	ア	ＧＰＳ	イ	ＳＰ	ウ	ＧＡＰ
149の語群	ア	ウェザーデータ	イ	コーザルデータ	ウ	ユーザーデータ
150の語群	ア	ＧＤＰＲ	イ	ＧＤＰ	ウ	ＵＲ

問31　下記a～eは、企業会計とビジネス計数に関する文章です。[　　　]の中にあてはまる言葉を、それぞれの語群〈ア～ウ〉から選び、解答番号の記号をマークしなさい。（解答番号の155は、同一の言葉を2回使用）

a．企業会計のうち、[151]会計とは、企業の経営者などが自社の会計情報を意思決定や業績測定・業績評価に役立てることを目的とする会計である。

b．小売企業の決算では、期首在庫＋商品仕入高－期末在庫＝[152]となる。

c．小売店にとって、[153]が上がると粗利益率が向上する。

d．限界利益は、「売上高－[154]」によって求められる。

e．[155]は、次の計算式で求められる。

$$[155] = \frac{注文客数}{サイトアクセス数}$$

151の語群	ア	財務	イ	管理	ウ	税務
152の語群	ア	売上高	イ	売上総利益	ウ	売上原価
153の語群	ア	プロパー消化率	イ	原価率	ウ	掛け率
154の語群	ア	固定費	イ	変動費	ウ	仕入高
155の語群	ア	リピート率	イ	リピーター率	ウ	コンバージョン率

問32　下表は、某小売店の4月の販売実績です。［　　］の中にあてはまる数値を、数値群〈ア～コ〉から選び、解答番号の記号をマークしなさい。（小数点以下四捨五入、商品回転率は小数点３位以下四捨五入。価格はすべて本体価格、税抜経理方式。）

	売上高（千円）	売上原価（千円）	平均在庫（千円）	粗利益率（%）	商品回転率（回転）	前年売上高（千円）	前年対比（%）
ジャケット	28,000	19,600	42,000	156	0.67	28,000	100%
シャツ・ブラウス	56,000	40,000	76,000	29%	157	57,000	98%
ボトム	42,060	29,400	63,000	30%	0.67	40,000	158
カットソー	64,000	159	89,600	30%	0.71	62,000	103%
その他	48,000	34,800	67,200	28%	0.71	47,000	102%
全アイテム合計	238,000		337,800		160	234,000	

ア	30%	イ	70%	ウ	95%	エ	105%	オ	0.30
カ	0.70	キ	0.74	ク	1.36	ケ	19,200	コ	44,800

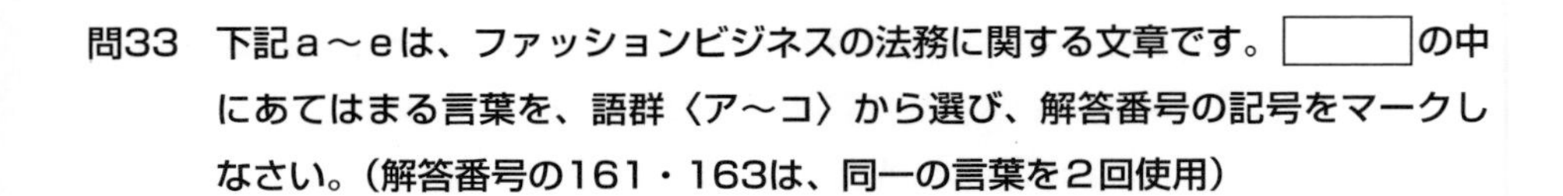
問33　下記a～eは、ファッションビジネスの法務に関する文章です。□の中にあてはまる言葉を、語群〈ア～コ〉から選び、解答番号の記号をマークしなさい。（解答番号の161・163は、同一の言葉を2回使用）

a．会社の形態には、株式会社と［161］会社があり、［161］会社には、合名会社、合資会社、合同会社がある。

b．［162］契約とは、当事者の一方である売り主が、商品の所有権などを相手方の買い主に移転することを約束し、相手方がその代金の支払いを約束することによって、効力が生じる契約である。

c．［163］契約とは、一般に短期間の賃貸借契約をいう。シェアリングエコノミーが成長している近年、［163］ビジネスが注目されている。

d．［164］権は、知的財産権のうち、産業財産権（工業所有権）に該当する。

e．［165］法は、商品及び役務の取引に関連する不当な景品類及び表示による顧客の誘引を防止するため、一般消費者による自主的かつ合理的な選択を阻害するおそれのある行為の制限及び禁止について定めることにより、一般消費者の利益を保護することを目的としている。

ア	リース	イ	レンタル	ウ	ローン	エ	商標
オ	著作	カ	売買	キ	持株	ク	持分
ケ	景品表示	コ	不正競争防止				

問34　下記a～eは、貿易に関する文章です。それぞれの文章に該当する言葉を、語群〈ア～コ〉から選び、解答番号の記号をマークしなさい。

a．商社などの仲介者を経由して貿易をする形態のことである。　166

b．国際商業会議所が策定した貿易条件の定義のことである。　167

c．外国から輸入される貨物に課せられる租税のことである。　168

d．開発途上国・地域を支援する観点から適用される税率のことである。　169

e．売買契約の際に使用される信用状のことである。　170

ア	関税	イ	L／C	ウ	インナーサークル
エ	暫定税率	オ	間接貿易	カ	特恵税率
キ	インターコムズ	ク	税関	ケ	仲介貿易
コ	FOB				

第59回ファッションビジネス知識［Ⅱ］

〈正解答〉

解答番号		解答
問1	1	イ
	2	ア
	3	ア
	4	ア
	5	ア
問2	6	ア
	7	イ
	8	ア
	9	イ
	10	イ
問3	11〜13 順不同	ア
		イ
		カ
	14	ア
	15	ウ
問4	16	ア
	17	イ
	18	イ
	19	ウ
	20	ウ
問5	21	ウ
	22	ア
	23	ア
	24	ア
	25	イ
問6	26・27 順不同	ケ
		ク
	28〜30 順不同	オ
		ア
		キ
問7	31	キ
	32	ウ
	33	オ
	34	イ
	35	コ

解答番号		解答
問8	36	ク
	37	オ
	38	ウ
	39	イ
	40	コ
問9	41・42 順不同	ケ
		ア
	43	コ
	44	エ
	45	ク
問10	46	ク
	47	カ
	48	ア
	49	コ
	50	ウ
問11	51	ア
	52	ウ
	53	ア
	54	ウ
	55	イ
問12	56	ア
	57	ア
	58	イ
	59	ア
	60	ウ
問13	61	ア
	62	ウ
	63	イ
	64	ア
	65	イ
問14	66	ウ
	67	ウ
	68	ア
	69	イ
	70	ア

解答番号		解答
問15	71	イ
	72	ウ
	73	イ
	74	ア
	75	イ
問16	76	ケ
	77	キ
	78	オ
	79	ウ
	80	イ
問17	81	イ
	82	ア
	83	イ
	84	ウ
	85	ア
問18	86	ウ
	87	イ
	88	ウ
	89	ア
	90	ウ
問19	91	ア
	92	イ
	93	イ
	94	ア
	95	ア
問20	96	ク
	97	エ
	98	ア
	99	コ
	100	カ

第59回ファッションビジネス知識［Ⅱ］

〈正解答〉

解答番号		解答	解答番号		解答
問21	101	ア	問28	136	オ
	102	イ		137	ア
	103	カ		138	キ
	104	キ		139	カ
	105	ウ		140	ク
問22	106	ア	問29	141	コ
	107	ウ		142	ク
	108	ア		143	キ
	109	イ		144	イ
	110	ウ		145	カ
問23	111	オ	問30	146	イ
	112	ウ		147	ウ
	113	キ		148	ア
	114	イ		149	イ
	115	コ		150	ア
問24	116	イ	問31	151	イ
	117	ア		152	ウ
	118	ウ		153	ア
	119	ア		154	イ
	120	イ		155	ウ
問25	121	ウ	問32	156	ア
	122	イ		157	キ
	123	ア		158	エ
	124	イ		159	コ
	125	ア		160	カ
問26	126	ウ	問33	161	ク
	127	ア		162	カ
	128	ア		163	イ
	129	ア		164	エ
	130	イ		165	ケ
問27	131	ア	問34	166	オ
	132	ア		167	キ
	133	イ		168	ア
	134	ア		169	カ
	135	イ		170	イ

第59回

ファッション造形知識［Ⅱ］

問1　下記a～eは、メンズモードの歴史に関する文章です。[　　　]の中にあてはまる言葉を語群〈ア～ク〉から選び、解答番号の記号をマークしなさい。（解答番号の2は、同一の言葉を2回使用）

a．第2帝政時代から19世紀末頃にかけて男性の衣服は上衣、ジレ(ベスト)、パンタロン(パンツ）という三つ揃い（[1]）のスタイルが基本形として定着した。

b．19世紀中期頃からは、フォーマル（正礼服）インフォーマル（準礼服）と格付けされ、さらに昼と夜に区別し着用された。昼間のフォーマルには、ひざ丈の、[2]、ジレ、パンタロンが用いられた。

c．20世紀には、昼間のフォーマルは、[2]から[3]になっていった。

d．夜間のフォーマルには、燕尾の付いたイブニングコート（テールコート、燕尾服）が着られ、インフォーマルでは、燕尾のない[4]が着用された。フランスではスモーキング、アメリカではタキシードという。

e．昼間のフォーマルに対して日常着として登場したのが、上衣のウエストに裁断線のない[5]である。これをアメリカでは、サックスーツと呼び、今日の背広の原型になり現代のスーツにつながっている。

ア	ラウンジスーツ	イ	スペンサージャケット	ウ	スリーピース	エ	モーニングコート
オ	ディナージャケット	カ	アンサンブル	キ	フロックコート	ク	チェスターコート

問2　下記a～eは、「服装史」に関する文章です。正しいものには、解答番号の記号アを、誤っているものには記号イをマークしなさい。

a．バッスルスタイルは、腰枠やクッション、下着などで後方の腰にボリュームを持たせるスタイルである。 [6]

b．女性の体からコルセットのない新しいスタイルを提案したのは、ココ・シャネルであり、彼女は、人々の美意識と生活習慣を大きく変化させた。 [7]

c．第二次世界大戦後、ニュールックを発表し「Hライン」「Aライン」「Yライン」などを次々に発表したのは、クリスチャン・ディオールである。 [8]

d．1960年代アンドレ・クレージュが発表した「フォークロアスタイル」のコレクションが周囲に大きな影響を及ぼし、これをきっかけに様々なデザイナーたちが次々に「フォークロアタイル」を打ち出した。 [9]

e．イヴ・サンローランがオランダの抽象画家ピエト・モンドリアンの作品からヒント得て発表した「モンドリアンルック」は、世界的に注目された作品のひとつである。 [10]

問3　下記a～eは、ファッション企業のスタイリング計画に関する文章です。［　　］の中にあてはまる言葉を、語群〈ア～コ〉から選び、解答番号の記号をマークしなさい。

a．スタイリング計画には、アパレル企業の商品企画部門が行うものと、小売企業の［ 11 ］部門が行うものがある。

b．専門店などへの卸しを行い、展示会で受注をとるアパレル企業のブランド別展示会は通常実売シーズンの［ 12 ］前に開催される。

c．店頭での［ 13 ］販売は、魅力的な着こなしの提案と共に、自然な客単価の上昇を促すものである。

d．ＶＰ・ＰＰのスタイリング計画では、シーズンを構成する月別モチベーションに訴求する着装場面を確認するために、［ 14 ］を設定する。

e．ＥＣサイトの購入は、試着・接客ができないというデメリットを、スマートフォンを使った［ 15 ］の活用、ＳＮＳの活用、バーチャル試着サービスの活用などで補っている。

ア	3～6ヵ月	イ	コーディネートアプリ	ウ	コーディネート	エ	3～6週間
オ	セールスプロモーション	カ	プライスダウン	キ	マーチャンダイジング	ク	サブスクリプション
ケ	ターゲット	コ	オケージョン				

問4　下記ａ～ｃは、ＶＰ、ＰＰ、ＩＰに関する文章です。［　　］の中にあてはまるものを、それぞれの〈ア・イ〉から選び、解答番号の記号をマークしなさい。

ａ．ＰＰは［ 16 ］（**ア**．point of purchase　**イ**．point of sales presentation）の略で、特にクローズアップしたいアイテムを［ 17 ］（**ア**．ＶＰ　**イ**．ＩＰ）の中から選び出し、コーディネート提案するなどして訴求する手法である。その際、ハンガーラックや棚の両端のスペースで陳列する手法を［ 18 ］（**ア**．エンド　**イ**．ジャンブル）陳列と呼ぶ。

ｂ．近年のＶＭＤでは、店舗空間をスクリーンに見立てて映像を投影する［ 19 ］（**ア**．プロジェクションマッピング　**イ**．デジタルサイネージ）を採用するケースも見られる。これには店舗のデザイン演出やエンターテイメント性、ストーリー性をもたらす効果が見込める。

ｃ．昨今の消費者の［ 20 ］（**ア**．プライスレス　**イ**．プライスコンシャス）の高まりを受けて、本体価格を大きく、税込価格を小さく表示するなどの対応も見られる。

問5　下記a～eは、アパレル商品に関する問題です。それぞれの設問にあてはまる言葉を、それぞれの〈ア～ウ〉から選び、解答番号の記号をマークしなさい。

a．次のうち、ジャケットとパンツやスカート、カーディガンとワンピースなどの組合せで、各アイテムを組み合わせることを前提とした衣類の名称を選びなさい。　21

ア．コンビネゾン
イ．アンサンブル
ウ．スリーピース

b．次のうち、重衣料のブルゾンに分類されるアイテムを選びなさい。　22

ア．MA－1
イ．ブレザー
ウ．ライダース

c．次のうち、ドレスシャツに分類されるアイテムを選びなさい。　23

ア．ハンティングシャツ
イ．ウエスタンシャツ
ウ．クレリックシャツ

d．次のうち、メンズカジュアル系のスーツに分類されるアイテムを選びなさい。　24

ア．ディレクターズスーツ
イ．ジャンプスーツ
ウ．ソフトスーツ

e．次のレディスフォーマルウェアのうち、略礼装に分類されるアイテムを選びなさい。　25

ア．ニューフォーマル
イ．セミアフタヌーンドレス
ウ．喪服

問6　下記a～eは、アパレル商品に関する文章です。[　　　]の中にあてはまる言葉を、それぞれの語群〈ア～ウ〉から選び、解答番号の記号をマークしなさい。

a．レディスインナーウェアのファンデーションの中で、ヒップアップしたり、下腹を抑えたり、ウエストを細くするなどの機能があるアイテムを[26]という。

b．レディスインナーウェアのファンデーションの中で、ブラジャー、ウエストニッパー、ガーターベルトが１つに合体したアイテムを[27]という。

c．レディスインナーウェアのランジェリーの中で、スカートなどの滑りを良くしたり、下着の色が透けるのを防ぐ、スカート型やキュロットパンツ型のアイテムを[28]という。

d．レディスインナーウェアのショーツの中で、股上が非常に浅く、腰骨くらいまでしかないアイテムを[29]という。

e．メンズインナーウェアのパンツの中で、伸縮性のある素材を使用し、体にフィットしたボックス型のアイテムを[30]という。

26の語群	ア	Tバック	イ	フレアパンツ	ウ	ガードル
27の数値群	ア	テディ	イ	ボディスーツ	ウ	スリーインワン
28の語群	ア	ペチコート	イ	スリップ	ウ	キャミソール
29の語群	ア	ジャストウエスト	イ	フルレングス	ウ	ヒップハング
30の語群	ア	ボクサーブリーフ	イ	ジョックストラップ	ウ	ビキニ

問7　下記a～eは、代表的なシルエットの名称です。それぞれにあてはまるシルエット図を〈ア～コ〉から選び、解答番号の記号をマークしなさい。

a．マーメイドライン　31

b．アワーグラスライン　32

c．コクーンシルエット　33

d．ボックスシルエット　34

e．ベルライン　35

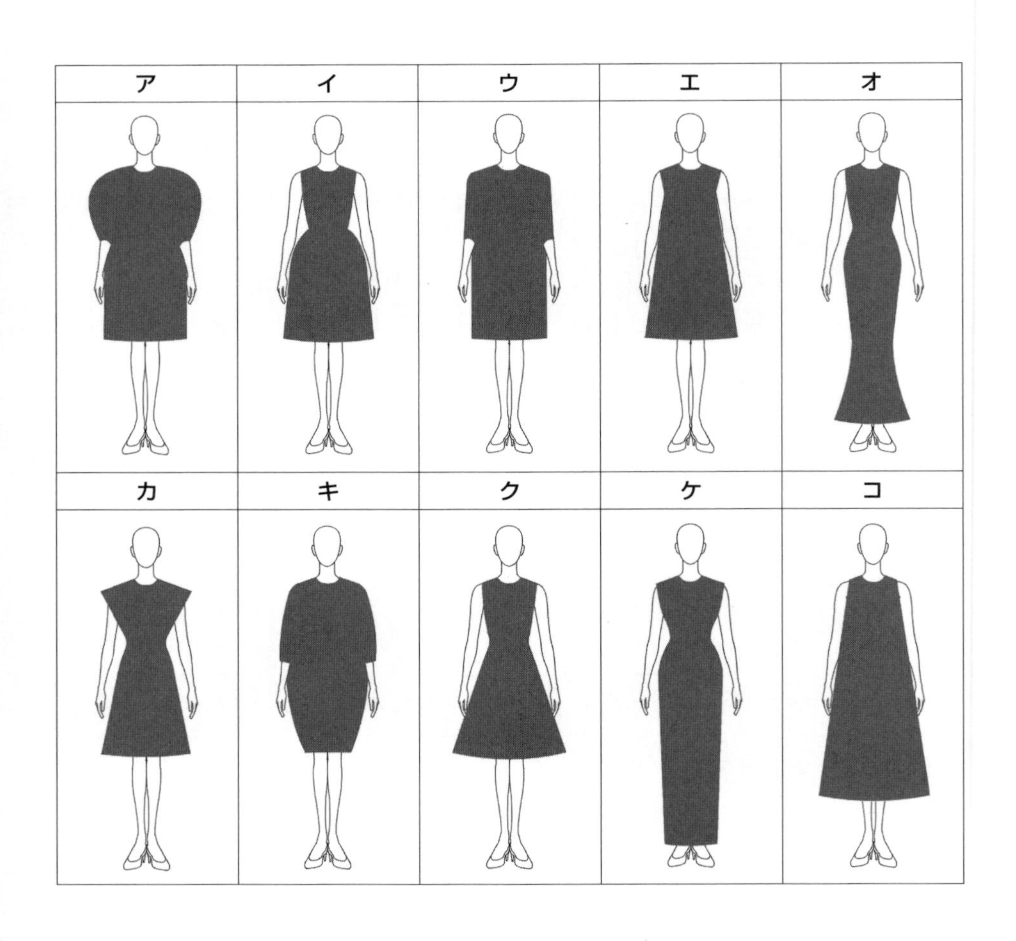

問8　下記a～eは、シューズの名称です。それぞれにあてはまるイラストを、〈ア～コ〉から選び、解答番号の記号をマークしなさい。

a．アンクルブーツ　36

b．ワークブーツ　37

c．オペラシューズ　38

d．プラットフォームシューズ　39

e．カッターシューズ　40

ア		イ		ウ		エ	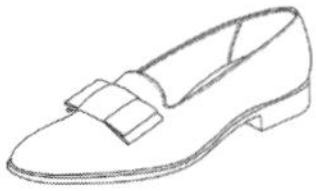
オ	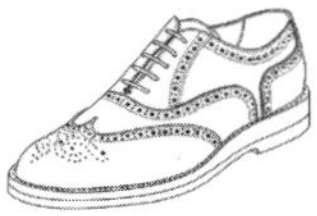	カ		キ		ク	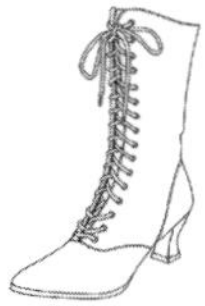
ケ		コ					

問9　下記ａ～ｅは、サイズの知識に関する文章です。［　　］の中にあてはまる言葉を、それぞれの〈ア～ウ〉から選び、解答番号の記号をマークしなさい。

ａ．ＪＩＳで決められている日本人成人女子衣料の「体型区分表示」における標準サイズは「［ 41 ］」で表示される。

ア．９ＡＲ

イ．９ＢＲ

ウ．９ＡＢＲ

ｂ．製品に使用されている繊維ごとに、その製品全体に対する質量の割合を「％」で表示する方法を「［ 42 ］」という。

ア．混用率表示

イ．組成表示

ウ．分離表示

ｃ．日本と諸外国では、国による体型の違いが大きく、ＩＳＯによる国際規格の制定は難しい。日本の９号サイズに最も近い諸外国のサイズは、［ 43 ］である。

ア．アメリカ「12」

イ．フランス「40」

ウ．イギリス「８」

ｄ．「成人男性用衣料のサイズ」の体型区分で、Ａ体型は［ 44 ］よりもチェストとウエストの寸法差が小さい人である。

ア．Ｅ体型

イ．Ｂ体型

ウ．Ｙ体型

ｅ．工業製品において、品質を保つために1995年７月１日から施行されている法律を「［ 45 ］」という。

ア．不当景品類及び不当表示防止法

イ．製造物責任法

ウ．家庭用品品質表示法

※令和５年３月20日　衣料品のサイズに関するＪＩＳ改正
問題の内容は改正前となっております。

問10　下記a～eは、ファッション素材に関する文章である。［　　］の中にあてはまるものを、それぞれの〈ア～ウ〉から選び、解答番号の記号をマークしなさい。

a．［ 46 ］はニット素材の中でも、横伸びが少なく安定性があるのでスーツにも用いられる。

ア．オットマン

イ．ポンチローマ

ウ．クレープ

b．シアー（sheer）素材とは、［ 47 ］素材をさす。

ア．２枚の生地を重ねて繋いだ

イ．表面が凸凹した粗野な

ウ．透け感のある薄い

c．ブークレと［ 48 ］は同義である。

ア．ループヤーン

イ．リンネル

ウ．クレープ

d．「鬼コール」は畝が［ 49 ］の俗称である。

ア．細いコール天

イ．太いコーデュロイ

ウ．イレギュラーなコーデュラ

e．［ 50 ］は原料の段階ではフラックスという。

ア．黄麻

イ．苧麻

ウ．亜麻

問11　下記a～eは、アパレル素材の加工・染色に関する問題です。それぞれの設問にあてはまるものを、それぞれの〈ア～ウ〉から選び、解答番号の記号をマークしなさい。

a．綿やレーヨンなどの繊維を着火、あるいは延焼しにくくする加工を選びなさい。　51

ア．防融加工
イ．難燃加工
ウ．硬化加工

b．シルケット加工と同義となるものを選びなさい。　52

ア．シロセット加工
イ．チンツ加工
ウ．マーセライズ加工

c．衣料や裁断くずを再びわたに戻す「反毛」の読みを選びなさい。　53

ア．はんもう
イ．たんもう
ウ．たんげ

d．先染めには<u>含まれないもの</u>を選びなさい。　54

ア．トウ染め
イ．捺染
ウ．トップ染め

e．ビーカー染めに関する記述で、<u>誤ったもの</u>を選びなさい。　55

ア．浸染の一種である
イ．本生産の染色機で染めた色と寸分違わない
ウ．糸や布を試し染めする

問12　下記ａ～ｅは、副資材に関する文章です。正しいものには、解答番号の記号アを、誤っているものには解答番号の記号イをマークしなさい。

ａ．アセテートを手洗いするときの液温は40℃を限度とする。洗濯機を使用するときは、水流を弱にして液温は30℃を限度とする。　56

ｂ．接着芯地は、基布と接着樹脂からできている。基布＋接着材＋塗布の形状で成り立っている。接着芯地は、一般的にダブルドットタイプで、樹脂の大きさやポイント数で種類が異なる。その他、完全接着に使用されるくもの巣状のスピンウェブ加工や仮接着のシンター加工（パウダー加工）がある。　57

ｃ．裏地は、滑りを良くし着心地や肌滑りをよくし、表地のシルエットを安定させ、張りを与える。また、表地と裏地との間の温度や湿度を保ち、下着が透けるのを防ぐなどの機能を持っている。　58

ｄ．ファスナーは、エレメントを上下させることで、開閉する留具で、大きく分けて3種類ある。通常使用しているファスナーは、スライドファスナーと呼ばれ、ジッパーまたはジップファスナーとも呼ばれる。　59

ｅ．ミシン糸は、製造工程の違いにより、フィラメント糸とスパン糸に分けられる。スパン糸は、繊維長が1000ｍも連続しているもので、紡績の必要がない。天然繊維では絹糸のみである。　60

問13　下記a～eは、アパレルデザインに関する文章です。［　　］の中にあてはまる言葉を、語群〈ア～コ〉から選び、解答番号の記号をマークしなさい。（解答番号61・62は、同一の言葉を2回使用）

デザインの全体構成の中で、造形の原則を表す言葉には下記の5つがある。

a. ［ 61 ］とは、多様な独立した個々の美が、1つひとつ調和してまとまりをもち、統一されている美のことを指す。

b. ［ 62 ］は、全体の構成要素になる個々のもつ性格で、［ 61 ］とは反対の現象を指す。アクセントは、［ 62 ］の一種であり、強調させるものや引き立たせることである。

c. ［ 63 ］は音楽の和音に相当する言葉で、形、色、柄、素材などの2つ以上の要素が、それぞれの特徴を生かして連結され、美しく整うことによる美を指す。

d. ［ 64 ］とは、「安定の原則」として使われている言葉で、面積や体積の比率、色彩の配分などがある。

e. ［ 65 ］は音楽でも使われる言葉で、繰り返されることなどによって生じる動きの状態を指す。

ア	モデレート	イ	ハーモニー	ウ	バランス	エ	シンメトリー
オ	シンフォニー	カ	バラエティ	キ	ダイバーシティ	ク	ユーティリティ
ケ	ユニティ	コ	リズム				

問14　下記a～eは、柄模様に関する文章です。［　　］の中にあてはまる言葉を、語群〈ア～コ〉から選び、解答番号の記号をマークしなさい。

a．たて・よこ同色、同本数の多色使いの格子柄が特徴である［ 66 ］は、スコットランドの高原地方で特殊な礼服に用いられていた色格子柄である。

b．カシミール地方の松かさの模様で、日本では勾玉の模様ともいわれる［ 67 ］は、曲線で描かれた細密で多彩な柄が特徴である。

c．セーターやソックスなどに多く用いられている柄で、ひし形が連続した［ 68 ］は、ニットに特有の柄である。

d．柄が犬の牙の形をしていることからハウンド・トゥースの名がある。基本は黒と白、または茶と白の組み合わせで、日本ではこれを［ 69 ］と呼んでいる。

e．織り目がニシンの骨のように見えることからヘリンボーンストライプの名があるこの織物は、日本名で［ 70 ］といわれる織物で、柄の名であると共に織物名にもなっている。

ア	ペンシル・ストライプ	イ	杉綾	ウ	ドット柄	エ	ペーズリー柄
オ	千鳥格子	カ	ギンガムチェック	キ	アーガイル	ク	市松模様
ケ	アラベスク	コ	タータンチェック				

問15　下記a～eは、ファッションビジネスにおける色彩に関する問題です。それぞれの設問に該当する解答を、それぞれの〈ア～ウ〉から選び、解答番号の記号をマークしなさい。

a．「補色」の関係にある２色配色を選びなさい。　71

ア．オリーブ　—　ミントグリーン

イ．ブラウン　—　ターコイズブルー

ウ．ローズ　—　パープル

b．プリンターで印刷される時の色の表現法を選びなさい。　72

ア．ＲＧＢ

イ．ＣＭＹＫ

ウ．ＨＳＶ

c．「２色以上の繊維が混ざり合った状態、およびその外観」を指す用語を選びなさい。　73

ア．霜降り

イ．バイカラー

ウ．セパレーション

d．次のうち、アパレル小売業におけるビジュアルマーチャンダイジングで行われるカラー業務を選びなさい。　74

ア．つなぎとリピートを考慮して、プリント図案を作成する。

イ．ストリートファッションのカラーを調査する。

ウ．ＰＰにおけるカラーコーディネートを計画する。

e．次のうち、<u>誤っている</u>文章を選びなさい。　75

ア．ファッション専門店では、店頭のほうが店内よりも照度が高い。

イ．白熱電球は、蛍光灯よりも色温度が高い。

ウ．ベージュ色の商品をダークグレイの壁を背景にして展示した場合は、白い壁を背景にして展示した場合よりも、明るく見える。

問16　下記a～eは、デザインとCGに関する問題です。それぞれの設問に該当する解答を、それぞれの〈ア～ウ〉から選び、解答番号の記号をマークしなさい。

a．デザインを行う際に、３Ｄソフトの活用で得られるメリットでないものを選びなさい。

76

ア．実物があるようなビジュアルを付加できる。

イ．落ち感や触感を体感できる。

ウ．サンプルを製作しないで、変更や加工を検討できる。

b．タイポグラフィに関する内容で、間違っている文章を選びなさい。

77

ア．可視性は求められるが、可読性は求められない。

イ．ゴシック体は遠くからでも認識されやすく、明朝体は新聞や書籍などの多くに使用されている。

ウ．書体の組み合わせや文字の大きさのメリハリで消費者の注意を引き付ける。

c．無縫製ニットを指す名称を選びなさい。

78

ア．カットソー

イ．ホールガーメント

ウ．ニットソー

d．実現しないものが画面を通すことで付加されるＡＲを選びなさい。

79

ア．拡張現実

イ．仮想現実

ウ．複合現実

e．ＶＲの説明としてあてはまるものを選びなさい。

80

ア．人の五感を含む感覚を刺激することにより理工学的に作り出す技術。

イ．物流の流通過程を追跡して可視化する技術。

ウ．小型アンテナが埋め込まれたタグなどから情報を読み取る技術。

問17　下記のａ～ｃは、パターンメーカーの実務に関する文章です。［　　］の中にあてはまる言葉を、語群〈ア～コ〉から選び、解答番号の記号をマークしなさい。（解答番号の83は、同一の言葉を２回使用）

ａ．パターンメーキングを行う際の考え方には２通りあり、「［81］」と「立体裁断」に大別される。「立体裁断」はボディにシーチングを止めつけてパターンを形づくる「［82］」と、そのパターンを立体的な考えに基づいて発展させる「平面展開法」がある。

ｂ．パターンの種類別では、「［83］メーキング」と「［84］メーキング」に分類することができる。デザイン画に基づいて作成する「［83］」には、仕上がり線とダーツなどの内部線、記号などが記入されており、サンプル縫製が可能なパターンである。

ｃ．日本人の体型に合わせて生産されている既製服の寸法は、ＪＩＳ衣料サイズに基づいて決められている。サイズ表示には３通りがあり、ジャケットやコートのように対応するバスト、ウエスト、ヒップの寸法と身長の表示を必要とする服種は、「［85］」が使用される。

ア	工業用パターン	イ	パーツパターン	ウ	ドレーピング	エ	単数表示
オ	平面製図	カ	範囲表示	キ	ファーストパターン	ク	囲み製図
ケ	体型区分表示	コ	ドラフティング				

問18　下記a～dは、補正の知識に関する文章です。［　　］の中にあてはまる言葉を、語群〈ア～コ〉から選び、解答番号の記号をマークしなさい。

a．スカートやパンツの「ウエストつめ」に関しては、ファスナー明きの部分以外で［86］のくずれにくい箇所を選んで縫い込む作業を行う。前中心明きの場合は、後ろ中心縫い目、または両面の脇線、ダーツやタックがあれば、それぞれの位置で縫い込んでウエストをつめる。

b．ジャケットやコートでは、顧客がなで肩、いかり肩、あるいは左右どちらかの肩が下がっている場合などが原因で生じるしわが気になるときは、商品に取り付けられた［87］を取り外して、調整することである程度の対応が可能である。

c．小売店で補正（お直し）を行う上での注意点として、袖丈や着丈、スカート丈、パンツ丈など短くする「丈つめ」は、シルエットに影響しない範囲内であれば行うことが可能である。しかし、丈を伸ばす「丈出し」に関しては、袖口や裾の［88］から最低限必要な縫い代幅を残した寸法の範囲で、調整を行う必要がある。

d．商品の価格に応じて、縫い代の幅や形状の設定が行われている。シルエットの関係で縫い代幅によってつれやしわが出たりすることもあるので、必ずしも価格と縫い代幅が比例するとは限らないが、一般的に高価格商品の縫い代幅は［89］。

e．基本的には、丈を短くしたり、寸法を小さくしたりする作業は、ほとんどの場合可能である。一般的に、スカート丈の長さを短くすることを、「［90］」という。

ア	シルエット	イ	幅つめ	ウ	肩パッド	エ	狭い
オ	ヘム代	カ	袖	キ	広い	ク	体型
ケ	丈つめ	コ	接着芯				

問19　下記のａ～ｄは、アパレル生産工程に関する知識に関する文章です。［　　］の中にあてはまる言葉を、語群〈ア～コ〉から選び、解答番号の記号をマークしなさい。

ａ．日本製のアパレル製品は、ＪＩＳ衣料サイズの規定によるサイズ表示を行っているが、成人女子用の標準サイズである「９ＡＲ」の「９」は［ 91 ］のバストが83cmであることを示している。

ｂ．通常、アパレルの生産・流通は、アパレル企業の商品企画に始まり、縫製工場、アパレル企業の物流部門、小売企業の流れであるが、小売企業の［ 92 ］業態の場合には、小売企業の企画部門に始まり、［ 93 ］、小売企業の物流部門、小売企業の販売部門という流れになる。

ｃ．アパレル企業あるいはブランドごとに縫製方法やタグ、織りネームの位置など、自社製品の基本的な仕様をまとめた書類を［ 94 ］とよび、デザインごとに作成する縫製仕様書の補助資料として使用する。

ｄ．縫製準備工程では、素材の［ 95 ］と放縮、縮絨を経て、延反、マーキング、裁断、さらに仕分け作業が行われる。

ア	対応身体寸法	イ	精錬	ウ	ＳＰＡ	エ	加工依頼書
オ	縫製企業	カ	セレクトショップ	キ	縫製基準書	ク	商品仕上げ寸法
ケ	プレス	コ	検反				

問20　下記a～eは、CAM・CADの知識に関する文章です。[　　]の中にあてはまる言葉を、それぞれの語群〈ア～ウ〉から選び、解答番号の記号をマークしなさい。

a．ファーストパターンで作成した衣服の形状を正確に把握しパターンチェックするためには、パターンを[96]で描き出し、シーチングに写してピン組み立てまたはミシンで縫い上げたものを工業用ボディに着せてデザインやシルエットを確認・修正する必要がある。

b．アパレルＣＡＤによる[97]には、端点の移動方向と距離を一覧にまとめて一定のルールによって展開する方法と、画面上のパターンに幅出し線・丈出し線を引き、各線で拡大・縮小する数値を入力する切り開き方式がある。

c．企画・製造部門における製品の設計、生産計画、生産管理など、生産のすべてのプロセスをコンピュータで総合的に管理する企業情報システムを[98]と呼んでいる。

d．アパレル企画室のＩＴ化は、[99]の活用から始まった。アパレル企画用のアプリケーションソフトは、平面的な２次元のデザイン画から３次元の立体画像を描く段階までに発展し、ドロー系とペイント系のアプリケーションソフトがあり、商品企画に役立っている。

e．アパレルＣＡＤを使用して行う[100]メーキングは、画面上で縫い代を付け、必要な記号・名称などを書き込んだパターンであり、外周線と地の目線、外周線上の合い印の位置がわかれば裁断が可能である。

96の語群	ア	プロッタ	イ	デジタイザー	ウ	手描き
97の語群	ア	カッティング	イ	マーキング	ウ	グレーディング
98の語群	ア	ＣＡＤ	イ	ＣＩＭ	ウ	ＣＡＭ
99の語群	ア	ＣＧ	イ	ＯＳ	ウ	ＦＡ
100の語群	ア	サンプルパターン	イ	工業用パターン	ウ	ファーストパターン

第59回ファッション造形知識[Ⅱ]

〈正解答〉

解答番号		解答	解答番号		解答	解答番号		解答
問1	1	ウ	問8	36	キ	問15	71	イ
	2	キ		37	ア		72	イ
	3	エ		38	エ		73	ア
	4	オ		39	ケ		74	ウ
	5	ア		40	カ		75	イ
問2	6	ア	問9	41	ア	問16	76	イ
	7	イ		42	イ		77	ア
	8	ア		43	ウ		78	イ
	9	イ		44	ウ		79	ア
	10	ア		45	イ		80	ア
問3	11	キ	問10	46	イ	問17	81	オ
	12	ア		47	ウ		82	ウ
	13	ウ		48	ア		83	キ
	14	コ		49	イ		84	ア
	15	イ		50	ウ		85	ケ
問4	16	イ	問11	51	イ	問18	86	ア
	17	イ		52	ウ		87	ウ
	18	ア		53	ア		88	オ
	19	ア		54	イ		89	キ
	20	イ		55	イ		90	ケ
問5	21	イ	問12	56	イ	問19	91	ア
	22	ア		57	ア		92	ウ
	23	ウ		58	ア		93	オ
	24	イ		59	イ		94	キ
	25	ア		60	イ		95	コ
問6	26	ウ	問13	61	ケ	問20	96	ア
	27	ウ		62	カ		97	ウ
	28	ア		63	イ		98	イ
	29	ウ		64	ウ		99	ア
	30	ア		65	コ		100	イ
問7	31	オ	問14	66	コ			
	32	ケ		67	エ			
	33	キ		68	キ			
	34	ウ		69	オ			
	35	イ		70	イ			

ファッションビジネス2

－ファッションビジネス能力検定試験2級公式問題集－

(2021年～2023年)

2024年2月1日　第1版1刷発行

編者・発行者　一般財団法人　日本ファッション教育振興協会

〒151-0053
東京都渋谷区代々木3-14-3　紫苑学生会館2F
電 話 03-6300-0263　FAX 03-6383-4018
URL https://www.fashion-edu.jp